선생님이 보는
과학탐구실험

선생님이 보는
과학탐구실험

초판 1쇄 발행일 2019년 10월 25일
초판 3쇄 발행일 2022년 11월 15일

지은이 윤자영, 이자랑, 김경민, 서재원, 이승언
펴낸이 양옥매
디자인 임홍순, 김영은
교　정 조준경

펴낸곳 도서출판 더문
출판등록 제2012-000376
주소 서울특별시 마포구 방울내로 79 이노빌딩 302호
대표전화 02.372.1537　**팩스** 02.372.1538
이메일 booknamu2007@naver.com
홈페이지 www.booknamu.com
ISBN 979-11-89498-03-0(43400)

이 도서의 국립중앙도서관 출판시도서목록(CIP)은
서지정보유통지원 시스템 홈페이지(http://seoji.nl.go.kr)와
국가자료공동목록시스템(http://www.nl.go.kr/kolisnet)에서
이용하실 수 있습니다. (CIP제어번호 : CIP2019041045)

선생님이 보는

과학탐구실험

윤자영 이자랑 김경민 서재원 이승언 지음

더문

2015 개정교육과정에서 크게 바뀐 것은 고등학교 1학년 과정에 과학탐구실험 과목이 개설된 것이다. 원래 과학 과목에서 실험을 하고 있긴 하지만 실험이라는 과목 특성과 9등급 상대평가의 부담감 때문에 과학 교사들은 서로 눈치를 봐야 했다. 다행히 2년차인 2019년에는 9등급 상대평가가 없어져 평가 부담은 줄어들었지만, 그렇다고 해서 그냥 시간을 때울 수만은 없는 일이다.

　필자(윤자영)는 수업 블로그를 운영하고 있다. 2019년 학기 초에 블로그 방문자가 폭발적으로 늘어났는데, 방문자 분석을 해 본 결과 '과학탐구실험' 검색 후 블로그로 유입된 것이었다. 처음 과학탐구실험 평가계획을 잡는 편은 15,000 누적 조회 수를 기록했고, 1학기 정리 편은 4,000 조회 수를 넘어섰다.

　이는 과학탐구실험 과목을 어떻게 진행할지 걱정하는 선생님이 많다는 것을 알려 준다. 그래서 블로그보다 실험 과정을 상세히 알려 주는 선생님용 과학탐구실험서가 있으면 어떨까 생각했다. 마침 주변에 과학탐구실험을 열심히 운영하시는 선생님이 계셔서 의기투합하기로 했다. 과학탐구실험 성취기준에 맞는 실험서를 제작하여 걱정 없이 과학탐구실험 과목을 운영할 수 있도록 하고자 했다.

　원래 2015 개정교육과정 2년차인 2019년 초에 발간하여 선생님들을 돕고자 계획했지만, 책을 처음 만드는 사람들이 모였으니 쉬이 진행되지 않았다. 발간 일자는 계속 늦춰지고, 여름이 시작하려는 지금에야 원고가 모였다.

과연 이 책만 있으면 과학탐구실험을 잘 운영할 수 있을까? 누구나 이 책을 읽고 실험할 수 있게 되도록 쉽게 설명하려고 노력하였다. 하지만 선생님의 마음이 먼저 바뀌어야 한다는 점을 명심했으면 좋겠다.

실험이라는 것이 뚝딱 만들어지는 것이 아니라 과학교사 스스로 충분히 사전 연습을 해야 하고, 준비과정부터 뒷정리까지 누구도 도와주지 않는다. 이런 어려움 속에서도 실험을 하면 학생들이 즐거워하고, 수업시간에 졸기만 하는 학생도 적극성을 보인다. 이를 보는 교사 또한 만족감이 오는 것은 당연하다.

우리의 마음이 긍정적으로 바뀌어야 한다. 학생들이 즐거워하면 그것으로 만족할 수 있도록 긍정적으로 변해야 한다. 요즘 학생들이 뒷정리가 부족한 것은 당연하다. 교사인 내가 조금 더 설거지하고, 쓸고, 닦을 수 있는 것이다. 그에 대하여는 chapter 3에서 자세히 설명하고 있으니, chapter 3을 먼저 보라고 권유하고 싶다.

과학탐구실험을 운영하시는 선생님들께 도움이 되었으면 좋겠다.

목 차

Chapter 1

✕

✕

✕

2015 개정 교육과정
과학탐구실험 분석하기

2015 개정 교육과정에서
과학탐구실험이 꼭 필요한 이유

과학탐구실험의 목표

2018학년도 고등학교 1학년부터 시행되고 있는 2015 개정교육과정에서 '과학'은 문·이과를 막론하고 모든 학생들이 과학현상을 이해하고 과학적 소양을 기르게 하는 데 교과의 의미가 있습니다.

이에 따라 교과의 목표는 개인의 일상의 경험과 상황을 통해 과학 지식과 탐구 방법을 즐겁게 학습하고, 과학적 소양 함양을 돕는 것으로 하였습니다. 또한, 과학과 올바른 사회의 상호 관계를 인식하며 바람직한 민주 시민으로 성장할 수 있도록 교과를 운영하는 것을 기본으로 하여 아래와 같은 5가지 교과 역량을 기르는 데 초점이 맞추어져 있습니다.

이러한 특징이 가장 잘 드러나는 교과가 바로 2015 개정 교육과정에 새로 개설된 '과학탐구실험'이라 해도 과언이 아닐 것입니다. 과학탐구실험은 학생들의 과학 탐구 능력 및 핵심 역량을 향상시키도록 구성되었습니다. 다양한 기자재와 디지털 탐구 도구를 활용한 과학 탐구 활동을 하고, 과학 체험과 산출물 공유의 경험을 제공하도록 제시합니다.

과학탐구실험의 구성

과학탐구실험은 학기당 1단위 총 2단위라는 시간적 제약과 교과 내에 물리학/화학/생명과학/지구과학 과목들이 긴밀한 연계를 가지고 구성되어 있습니다. 이런 제약 때문에 교과 도입 시기부터 많은 선생님이 지도에 어려움을 겪고 있습니다. 하지만 이러한 어려움은 과학탐구실험을 만든 취지에 대한 인식이 다소 부족한 데서 시작되었습니다.

아래와 같이 과거의 실험이 이론 중심의 검증, 즉 현미경이나 역학 기구와 같은 고전 과학 실험 기구를 사용하여 교사가 하나하나 직접 지도하는 실험이었다면, 2015 개정교육과정에서 과학탐구실험은 MBL이나 태블릿을 활용하여 다양한 자료를 수집하고 이를 분석한 결과를 토대로 학생들이 중심이 되어 서로 토론할 수 있도록 합니다.

고전적 과학 실험 VS 2015 과학 탐구 실험

- 이론 중심의 검증 실험
- 실제 실험이 주를 이룸
- 현미경 등 고전 과학 실험 기구를 사용하며 교사가 중심이 됨.

- 학생참여형 탐구 활동
- 토론, 자료 분석 등 다양한 활동
- ICT 기자재를 활용한 문제 해결 중심 활동

이러한 차이를 통해 학생들의 인문학적 소양을 기르고 과학적 탐구 능력을 신장시키는 데 물리적 요소도 큰 역할을 하고 있습니다. 특히 2016학년도부터 과학적 탐구 능력 신장을 위한 환경 구축의 일환으로 진행되고 있는 창의 융합형 과학실은 이러한 과학탐구실험을 위한 프로젝트 학습 및 과학탐구실험에 없어서는 안 될 필수 요소로 자리 잡고 있죠.

창의융합과학실 구축

과학탐구실험은 크게 탐구와 실험으로 나눌 수 있습니다. 탐구활동에서는 조사활동이 많은 부분을 차지하는데 태블릿 PC와 와이파이(Wi-Fi)가 설치되지 않아서 수업에 곤란함을 느끼는 선생님이 많으실 겁니다. 과학탐구실험 과목뿐만 아니라 2015 개정교육과정의 과학과목에서는 탐구활동이 많아지므로 순차적으로라도 물리적 요소를 구축해야 합니다.

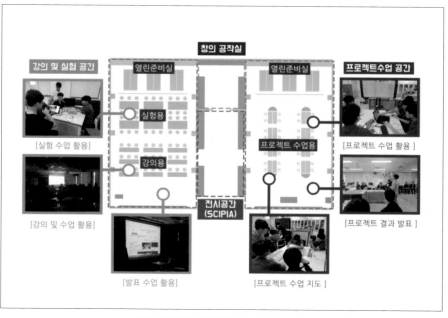

인천남고등학교의 창의융합과학실 구성도

이미 전국의 많은 고등학교에서 이러한 변화에 발맞추어 물리적 환경 구축, 학생들의 교육 활동에 대한 변화를 통해 수업의 형태가 변화하고 있으며 이러한 움직임이 모여, 우리의 아이들을 '인문학적 소양'을 갖춘 '창의 융합형 인재'로 길러 줄 것이라는 생각이 듭니다.

디지털 기구에 익숙한 학생들

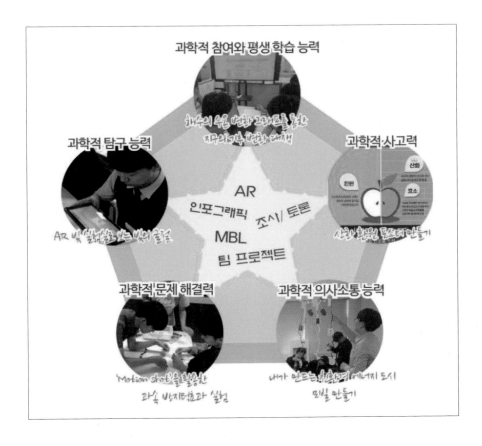

이러한 변화의 시작에서 위와 같은 다양한 활동을 통해 과학과 교과역량을 길러 줄 '과학탐구실험' 교과의 성취기준은 다음 표와 같습니다. 아래의 표를 통해 우리는 '과학탐구실험'이라고 하는 교과가 지식보다는 학생들의 활동과 수행 능력을 향상시키기 위한 교과로서 교사의 재량에 의해 2~3개 정도의 성취기준을 한 주제의 실험으로 묶어 수업하고 평가할 수 있음을 보여 주기도 합니다. 이러한 교과의 유연성 덕분으로 조금 더 학생들과 활동 중심의 수업이 가능하며, 이를 통해 유연한 평가도 가능하리라 생각됩니다. 이러한 수업과 평가의 유연함이 일상의 경험과 관련이 있는 상황을 통해 과학적 탐구 방법을 즐겁게 학습할 수 있는 기회를 제공할 것이라 확신합니다.

과학탐구실험 성취기준

단원명	성취기준
(1) 역사 속의 과학 탐구	**[10과탐01-01]** 과학사에서 패러다임의 전환을 가져온 결정적 실험을 따라 해 보고, 과학의 발전 과정에 대해 설명할 수 있다.
	[10과탐01-02] 과학사에서 우연한 발견으로 이루어진 탐구 실험을 수행하고, 그 과정에서 발견되는 과학의 본성을 설명할 수 있다.
	[10과탐01-03] 직접적인 관찰을 통한 탐구를 수행하고, 귀납적 탐구 방법을 설명할 수 있다.
	[10과탐01-04] 가설 설정을 포함한 과학사의 대표적인 탐구 실험을 수행하고, 연역적 탐구 방법의 특징을 설명할 수 있다.
(2) 생활 속의 과학 탐구	**[10과탐02-01]** 생활 제품 속에 담긴 과학 원리를 파악할 수 있는 실험을 통해 실생활에 적용되는 과학 원리를 설명할 수 있다.
	[10과탐02-02] 영화, 건축, 요리, 스포츠, 미디어 등 생활과 관련된 다양한 분야에 적용된 과학 원리를 알아보는 실험을 통해 과학의 유용성을 설명할 수 있다.
	[10과탐02-03] 과학 원리를 활용한 놀이 체험을 통해 과학의 즐거움을 느낄 수 있다.
	[10과탐02-04] 흥미와 호기심을 갖고 과학 탐구에 참여하고, 분야 간 협동 연구 등을 통해 협력적 탐구 활동을 수행하며, 도출한 결과를 증거에 근거하여 해석하고 평가할 수 있다.
	[10과탐02-05] 탐구 활동 과정에서 지켜야 할 생명 존중, 연구 진실성, 지식 재산권 존중 등과 같은 연구 윤리와 함께 안전 사항을 준수할 수 있다.
	[10과탐02-06] 과학 관련 현상 및 사회적 이슈에서 과학 탐구 문제를 발견할 수 있다.
	[10과탐02-07] 생활 속에서 발견한 문제 상황 해결을 위한 과학 탐구 활동 계획을 수립하고 탐구 활동을 수행할 수 있다.
	[10과탐02-08] 탐구 수행으로 얻은 정성적 혹은 정량적 데이터를 분석하고 그 결과를 다양하게 표상하고 소통할 수 있다.
	[10과탐02-09] 과학의 핵심 개념을 적용하여 실생활 문제를 해결하거나, 탐구에 필요한 도구를 창의적으로 설계하고 제작할 수 있다.
(3) 첨단 과학 탐구	**[10과탐03-01]** 첨단 과학기술 속의 과학 원리를 찾아내는 탐구 활동을 통해 과학 지식이 활용된 사례를 추론할 수 있다.
	[10과탐03-02] 첨단 과학기술 및 원리가 적용된 과학 탐구 활동의 산출물을 공유하고 확산하기 위해 발표 및 홍보할 수 있다.

성취기준별 과학탐구실험 활동

2018년 첫해 과학탐구실험 과목을 실시하고, 실험들을 정리하여 모았습니다. 다섯 명의 선생님이 잘된 활동만 모았으므로 모두 하려면 어려움이 따를 수 있습니다. 교재를 먼저 살펴보고 할 수 있는 실험부터 시작하십시오. 즐거운 실험이 되기를 기대합니다.

연번	성취기준	실험	내용
1	**[10과탐01-01]** 과학사에서 패러다임의 전환을 가져온 결정적 실험을 따라 해 보고, 과학의 발전 과정에 대해 설명할 수 있다.	Motion shot을 활용한 운동 분석하기	
2	**[10과탐01-02]** 과학사에서 우연한 발견으로 이루어진 탐구 실험을 수행하고, 그 과정에서 발견되는 과학의 본성을 설명할 수 있다.	증강현실을 활용한 자신만의 주기율표 만들기	
3	**[10과탐01-03]** 직접적인 관찰을 통한 탐구를 수행하고, 귀납적 탐구 방법을 설명할 수 있다.	증강현실을 활용한 지질 안내판 만들기	

연번	성취기준	실험	내용
4	**[10과탐01-04]** 가설 설정을 포함한 과학사의 대표적인 탐구 실험을 수행하고, 연역적 탐구 방법의 특징을 설명할 수 있다.	효모 발효 실험과 건강한 몸	
5	**[10과탐02-01]** 생활 제품 속에 담긴 과학 원리를 파악할 수 있는 실험을 통해 실생활에 적용되는 과학 원리를 설명할 수 있다.	사이펀 효과 변기 만들기	
6	**[10과탐02-02]** 영화, 건축, 요리, 스포츠, 미디어 등 생활과 관련된 다양한 분야에 적용된 과학 원리를 알아보는 실험을 통해 과학의 유용성을 설명할 수 있다.	리코타 치즈 만들기	
7	**[10과탐02-03]** 과학 원리를 활용한 놀이 체험을 통해 과학의 즐거움을 느낄 수 있다.	과학 원리를 활용하여 게임 고수 되기	
8	**[10과탐02-04]** 흥미와 호기심을 갖고 과학 탐구에 참여하고, 분야 간 협동 연구 등을 통해 협력적 탐구 활동을 수행하며, 도출한 결과를 증거에 근거하여 해석하고 평가할 수 있다.	스마트 폰 MBL을 활용한 페트병 램프의 효율 측정하기	

연번	성취기준	실험	내용
9	**[10과탐02-05]** 탐구 활동 과정에서 지켜야 할 생명 존중, 연구 진실성, 지식 재산권 존중 등과 같은 연구 윤리와 함께 안전 사항을 준수할 수 있다.	멸치 해부하기	
10	**[10과탐02-06]** 과학 관련 현상 및 사회적 이슈에서 과학 탐구 문제를 발견할 수 있다.	식품 첨가물의 섭취량을 줄일 수 있는 방법 찾기	
11	**[10과탐02-07]** 생활 속에서 발견한 문제 상황 해결을 위한 과학 탐구 활동 계획을 수립하고 탐구 활동을 수행할 수 있다.	실생활 속 산화 환원 반응을 설명하는 창의적 포스터 만들기	
12	**[10과탐02-08]** 탐구 수행으로 얻은 정성적 혹은 정량적 데이터를 분석하고 그 결과를 다양하게 표상하고 소통할 수 있다.	JOISS(관할해역해양정보 공동활용시스템)를 활용한 우리나라 해수의 염분과 수온 변화 조사하기	
		기후 변화 경향성 인포그래픽 제작하기	

연번	성취기준	실험	내용
13	**[10과탐02-09]** 과학의 핵심 개념을 적용하여 실생활 문제를 해결하거나, 탐구에 필요한 도구를 창의적으로 설계하고 제작할 수 있다.	AR 빛 실험실을 활용한 빛의 분산 실험	
14	**[10과탐03-01]** 첨단 과학기술 속의 과학 원리를 찾아내는 탐구 활동을 통해 과학 지식이 활용된 사례를 추론할 수 있다.	NFC(근거리 무선 통신) 활용 수업	
15	**[10과탐03-02]** 첨단 과학기술 및 원리가 적용된 과학 탐구 활동의 산출물을 공유하고 확산하기 위해 발표 및 홍보할 수 있다.	미래 과학 인재를 위한 신재생에너지, 친환경 도시를 표현하는 창의적 모빌 만들기	

✕

✕

✕

성취기준별
과학탐구실험 방법

Motion shot을 활용한 운동 분석하기

이 자 랑 선생님 (인천남고등학교)

자유낙하운동과 수평 방향으로 던진 물체의 운동 비교하기

2015 개정 교육과정에서 과학탐구실험을 진행하기 시작하면서 '모든 아이들과 함께 흥미롭게 과학 실험을 하자'는 것이 가장 큰 과제로 대두되고 있습니다. 아이들의 개성도 다르고, 좋아하는 것도 모두 다른데 모두가 흥미 있는 과학 실험이라니…. 처음에는 '다소 과욕이 아닐까?'라는 생각이 들기 마련인데요.

하지만 지금 설명할 이 주제에 대한 실험을 진행하면서, 아이들이 과학시간에도 스스로 무엇인가를 설계 및 구상하고 이를 재미있게 해 볼 수 있을 것이라는 확신을 가지게 되었습니다.

처음 과학탐구실험 수업을 하기 위해 책을 펴면 가장 먼저 '가속하는 물체를 촬영하고 이를 분석하는 단원'이 등장(?)합니다. 통합 과학에서는 아직 진도도 안 나갔는데 말입니다. 그리고 중학교 때 했던 것들은 기억조차 나지 않아 속도와 속력의 개념조차 가물가물한 아이들에게 학교에 1대 있을까 말까 한 초고속 카메라를 공유해 실험을 하자고 하는 것도 무리가 따르는 일이죠.

하지만 교과서에서 그냥 마구 실험을 제시하지는 않았을 터, 교과서에는 해당 실험에 대해 ['모션' 또는 '스탑'이라는 이름으로 애플리케이션을 검색하면 운동의 궤적을 분석해 주는 애플리케이션이 나옴.]이라고 안내되어 있습니다.

실제로 검색해 보면, 다양한 애플리케이션이 나옵니다. 이 중 어떤 애플리케이션을 어떻게 쓰면 아이들과 더 효과적으로 수업할 수 있을까요? 지금부터 실제 애플리케이션의 활용에서부터 아이들과 수업하는 과정을 이야기해 보려고 합니다.

저의 전공은 지구과학입니다. 전공이 아닌 과목을 지도한다는 것은 어렵죠? 그보다 어려운 것은 전공이 아닌 내용을 수업하고 이에 대한 평가를 진행하는 것입니다.

사범대학을 다니던 시절 교과교육론 시간에 아이들의 오개념이 생기는 과정과 그것을 바로잡는 과정을 왜 배우는지 이해가 되지 않았는데 학교 현장에 나와 조금씩 실감이 나기 시작하더니, 이번 실험 수업을 통해 톡톡히 깨닫게 되었습니다. 특히 어설프게 아는 것이 더욱 위험하다는 것이 가르치는 입장에서가 아니라 배우는 입장에서도 함께 공감되었습니다.

아이들의 생각을 알 수 없으니, 주관식으로 수행 평가를 하고자 해도 어느 정도는 평가의 틀을 갖추기 위해 제약을 주어야 했습니다. 예를 들어 아이들에게 '가속도 운동을 하는 물체를 촬영해 보자.'는 과제를 제시하고 아래의 평가 학습지를 주었습니다.

(제시된 학습지)

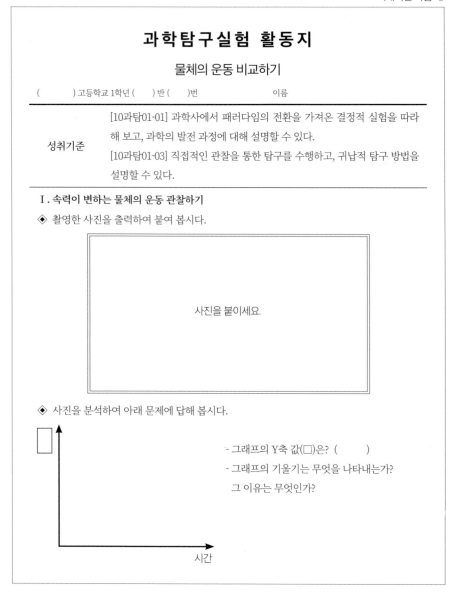

과학탐구실험 활동지

물체의 운동 비교하기

( )고등학교 1학년 ( )반 ( )번   이름

성취기준	[10과탐01-01] 과학사에서 패러다임의 전환을 가져온 결정적 실험을 따라 해 보고, 과학의 발전 과정에 대해 설명할 수 있다. [10과탐01-03] 직접적인 관찰을 통한 탐구를 수행하고, 귀납적 탐구 방법을 설명할 수 있다.

Ⅰ. 속력이 변하는 물체의 운동 관찰하기

◈ 촬영한 사진을 출력하여 붙여 봅시다.

사진을 붙이세요.

◈ 사진을 분석하여 아래 문제에 답해 봅시다.

- 그래프의 Y축 값(□)은? (   )
- 그래프의 기울기는 무엇을 나타내는가?
  그 이유는 무엇인가?

시간

저는 교과서 실험법을 따라 학생들이 아래와 같은 정답을 적기를 기대했습니다.

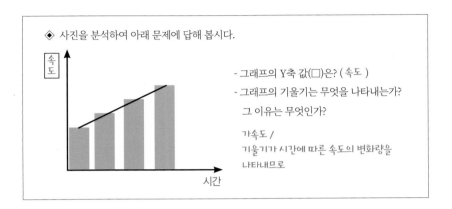

하지만 팀티칭을 하는 다른 선생님의 의견은 달랐습니다. 이렇게 뚜렷하지 않은 문제에 정답을 찾기 어렵다며, 위의 문제에서 당장 세로축의 값이 이동거리나 변위로만 바뀌어도 기울기는 가속도가 나오지 않는다는 것이죠. 그래서 아이들에게 세로축의 그래프를 그리는 법을 설명하거나, 평가지를 채점할 때 아이들의 표현방식을 꼼꼼히 보고 채점해야 할 것 같다는 의견을 제시했습니다. 교과서의 실험 방법만 맞는 건 아니니까요.

하지만 수업과 평가의 목적에 맞게 하려면 아이들이 가속도 운동을 그래프로 표현할 수 있게 하는 것이 중요할 것이라는 생각이 들어, 세로축의 값을 주고 속도가 변하는 물체의 운동을 표현하는 사진을 찍도록 학생들에게 주제를 제시하는 것으로 의견을 조율했습니다.

본 수업을 진행할 때 수업에서 아이들에게 어떤 것을 후속 평가할지 먼저 결정하고 수업을 시작할 것을 추천한다. 수업을 즐겁게 하는 것도 중요하지만 수업 후의 평가도 만만치 않은 요소이다. 아이들이 아무리 즐겁게 수업했다 하더라도 나중에 평가 결과를 통해 좌절한다면 앞의 좋은 경험은 모두 인어공주의 물거품과 같은 것이다. 따라서 아이들이 기존에 속도와 가속도에 대해 어디까지 학습하고 있는지를 충분히 이해하고 아이들의 수준에 맞는 과제를 제시하고 평가를 진행하는 것이 꼭 함께 고려되어야 한다. 즐겁게 수업할 생각만 하기보다 수업의 평가까지 함께 고려할 수 있는 수업이 되길 바란다.

수업 개요 ---

학교급	고등학교		학년/학년군	1
교 과	과학탐구실험		대단원	Ⅰ. 역사 속의 과학 탐구

성취 기준　**10과탐01-01**
　　　　　　과학사에서 패러다임의 전환을 가져온 결정적 실험을 따라 해 보고, 과학의 발전 과정에 대해 설명할 수 있다.

　　　　　　10과탐01-03
　　　　　　직접적인 관찰을 통한 탐구를 수행하고, 귀납적 탐구 방법을 설명할 수 있다.

평가 유형　토의 토론, 실험 평가

핵심 역량　지식정보처리, 의사소통 능력, 공동체

평가 내용　자유낙하 하는 물체와 수평 방향으로 운동하는 물체의 운동을 표현하고 비교하여 설명할 수 있다.

수업 및 평가 절차

학습 단계	교수 학습 활동	비고 (평가 계획 등)
1차시	갈릴레이의 사고 실험 따라 하기	이론 수업
2차시	어떤 물체의 운동을 촬영할지 구상하고 촬영에 대한 계획서 작성하기	모둠 토의
3차시	작성한 계획서를 바탕으로 운동하는 물체를 촬영하기 (Motion shot 앱 사용)	모둠 실험 평가
4차시	촬영한 사진을 통해 물체 속력 변화를 그래프로 변환하기	개인 평가

생활기록부 교과세부능력특기사항에 기록

수업디자인

STEP 1 ··· 실험 계획서 작성 및 실험 구상

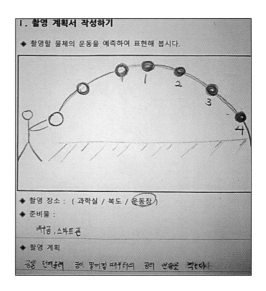

실험계획서를 쓰면서,
아이들은 실험 결과를 예측할 수 있는
능력을 기를 수 있고, 교사는 다음 시간의
수업(수업 장소, 준비물 등)을
미리 준비할 수 있는 기회가 됩니다.

STEP 2 ··· 문제 제시

운동하는 물체를 촬영할 때는 중력에 의해
자유낙하하는 물체를 촬영하는 것이
분석하기에 유리하답니다.
아래와 같이 물체에 작용하는 힘이
변하는 사진은 분석이 어렵거든요.

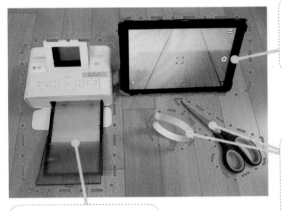

태블릿 PC
운동변화를 촬영할 때 태블릿 PC나
스마트 폰을 활용하면 된다.

마스킹 테이프, 가위
운동 변화를 그래프로 표현할 때
색지를 붙이는 것보다 마스킹 테이프를
가위로 잘라 사용하는 것이 편리하다.

포토 프린트
포토 프린트를 활용하면 촬영한
사진을 간편하게 인화할 수 있다.
(10~15만원 대 구입 가능)

Ⅰ. 속력이 변하는 물체의 운동 관찰하기
◆ 촬영한 사진을 출력하여 붙여 봅시다.

◆ 사진을 분석하여 아래 문제에 답해 봅시다.

속도
시간

- 그래프에서 기울기가 나타내는 값은?
  그 이유는?

가속도 (속도가 증가함)
→ 시간에 따른 속도의 변화을
  나타내주기 때문

위의 준비물을 활용하여,
옆의 보고서 예시와 같이,
촬영한 사진에 시간에 따른
속도를 붙이고, 이를 그래프에
옮겨 속도의 변화량을
분석하도록 한다.

Motion shot 활용하기

아래의 애플리케이션은 앱스토어와 플레이스토어에서 모두 다운로드가 가능합니다.

많은 애플리케이션들 중 가장 간단하게 운동하는 물체의 궤적을 한 장의 사진으로 얻을 수 있습니다.

애플리케이션을 설치한 후 아래와 같이 실험을 진행할 수 있습니다.

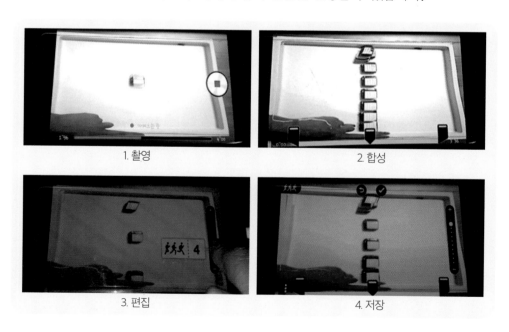

또한 촬영한 영상을 다양한 방법으로 편집할 수 있습니다. 이를 통해 가속도를 구하고 구체적인 데이터를 얻는 것도 가능합니다.

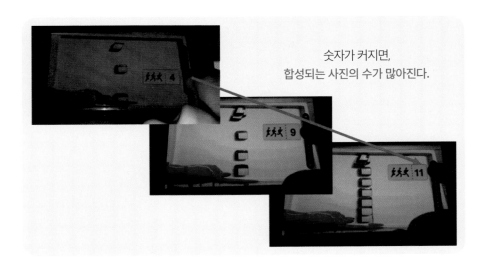

숫자가 커지면,
합성되는 사진의 수가 많아진다.

합성되는 영상의 길이 조절 가능

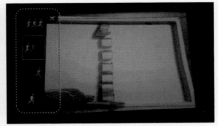

영상의 편집 기능과 효과 선택

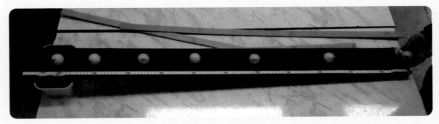

촬영된 사진의 예시

과 학 탐 구 실 험 활 동 지

물체의 운동 비교하기

( )고등학교 1학년( )반( )조	조원	( )번 ( )
		( )번 ( )
		( )번 ( )

| 성취기준 | [10과탐01-01] 과학사에서 패러다임의 전환을 가져온 결정적 실험을 따라 해 보고, 과학의 발전 과정에 대해 설명할 수 있다.
[10과탐01-03] 직접적인 관찰을 통한 탐구를 수행하고, 귀납적 탐구 방법을 설명할 수 있다. |

Ⅰ. 촬영 계획서 작성하기

◈ 촬영할 물체의 운동을 예측하여 표현해 봅시다.

사진을 붙이세요.

◈ 촬영 장소 : (과학실 / 복도 / 운동장)

◈ 준비물 :

◈ 촬영 계획

과학탐구실험 활동지

물체의 운동 비교하기

( ) 고등학교 1학년 ( ) 반 ( ) 조	조원	( )번 ( )
		( )번 ( )
		( )번 ( )

| 성취기준 | [10과탐01-01] 과학사에서 패러다임의 전환을 가져온 결정적 실험을 따라 해 보고, 과학의 발전 과정에 대해 설명할 수 있다. |
| | [10과탐01-03] 직접적인 관찰을 통한 탐구를 수행하고, 귀납적 탐구 방법을 설명할 수 있다. |

I. 속력이 변하는 물체의 운동 관찰하기

◈ 촬영한 사진을 출력하여 붙여 봅시다.

사진을 붙이세요.

◈ 사진을 분석하여 아래 문제에 답해 봅시다.

속도 ↑

- 이 그래프에서 기울기가 나타내는 값은 무엇이며, 어떤 값을 나타내는가?

시간 →

5 평가 계획 --

평가 계획은 다음과 같습니다.

실험의 특성상 조별 평가가 이루어지게 됩니다. 모둠 학습에서는 관찰자인 교사가 아무리 매의 눈으로 보고 있어도 학생들의 평가에 차별을 두기가 어렵죠. 이때 학생들의 동료 평가도 필요하고 때로는 이런 평가에서 아이들의 수행 능력을 절대적으로 평가하려 하기보다 학생들의 의사소통 역량과 과학적 탐구 활동에 대한 흥미를 느끼도록 지도할 필요가 있습니다.

수행평가 세부 척도안		
항목	상세 채점 기준	점수
물체의 운동 분석하기 (5점)	실험을 성공적으로 수행하고 그래프를 완벽하게 이해하여 설명함.	5
	실험을 성공하지 못하였으나 그래프를 제대로 표현함.	4
	실험을 성공하였으나 그래프로 표현하지 못함.	3
	미제출	2

학교생활 기록부 기재 예시

'○○○○○○'이라는 제목으로 'Motion shot' 애플리케이션을 활용하여 물체의 운동을 직접 촬영하고 이를 분석하여 속도가 변하는 물체의 운동을 분석하는 과정에서 창의적인 표현 방식과 과학적인 문제 해결력을 보임.

> 과학사에서 우연한 발견으로 이루어진 탐구 실험을 수행하고, 그 과정에서 발견되는 과학의 본성을 설명할 수 있다.

증강현실을 활용한 자신만의 주기율표 만들기

이 승 언 선생님 (인천남고등학교)

멘델레예프의 주기율표 만들기

중학교에 있을 때 원소기호와 주기율표를 가르쳐 본 적이 있던 경험을 떠올려 보면, 학생들에게 원소기호의 앞 글자를 따서 외우거나 노래를 만들어 부르는 등 다양한 암기 방식을 활용하여 주기율표를 외우도록 시키곤 했다.

수소							헬륨
리	베	붕	탄	질	산	플	네
나	마	알	시	피	에스	염	아
칼	슘						

주로 실시하는 앞 글자를 따서 원소기호를 외우는 방법

또는 좀 더 나아간다면 빙고게임을 하거나 다양한 게임에 적용하여 단순히 원소기호 자체를 외우는 방식으로 수업을 진행했었다. 그리고 주기율표 역시 교사의 일방적인 설명하에 학생들이 규칙성을 받아들이는(?) 수업을 통해 학습하곤 했다. 고등학교 과학탐구실험에서 멘델레예프 주기율표 만들기라는 내용을 다시 한 번 접하였고, 학생들이 카드를 배열하여 주기율표를 만든다는 것에 '고등학생들은 이런 활동이 가능하구나!'라는 신선한 충격을 받았다.

이러한 좋은 활동을 단순한 카드배열을 통해서 진행하면 너무 아쉬울 것 같아 고민해 본 결과 '원소기호에 대한 특징을 스스로 찾고 멘델레예프처럼 자신만의 분류기준을 정하여 주기율표를 만드는 것은 어떨까?'라는 생각을 하였다. 이러한 고민 중에 최근 교육의 트렌드인 STEAM을 적용해서 과학을 기반으로 한 융합수업을 진행해 보면 좋을 것 같아 수업을 구상해 보았다.

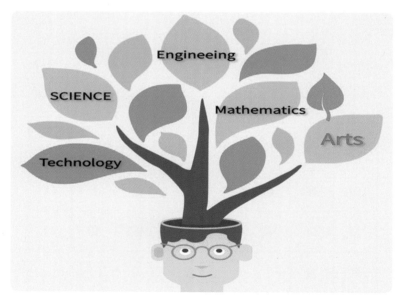

STEAM의 5가지 요소

STEAM적 요소를 활용하기 위해 태블릿 PC를 이용하는 활동을 생각해 보았다. 증강현실을 활용하여 원소에 대한 특징들을 조사하고, 그림을 그리는 활동을 추가하여 자신만의 주기율표를 제작하는 수업 차시를 꾸려 보았다.

> 🚩 **수업자의 생각**
>
> 본 수업에서는 인터넷을 검색하여 자료를 수집하고 애플리케이션을 활용하고, 동영상을 편집하는 등 태블릿 PC가 주요한 활동 기기가 됩니다. 따라서 교사는 이러한 활동에 고수(?)가 되기 위해서 미리 샘플을 제작하면서 연습하며 숙달할 필요가 있습니다. 그리고 태블릿 PC를 활용하기 때문에 사전에 디지털 리터러시 교육을 받는다면 학생들이 활동에 더욱 집중하는 훌륭한 수업이 되지 않을까 싶습니다. 준비 과정은 조금 힘들지만 학생들이 활동 중에 얻어 가는 것이 매우 많은 것 같고, 무엇보다 학생들이 즐거워하는 모습을 보면서 교사로서 보람을 느낄 수 있었습니다.

1 수업 개요 --

학교급	고등학교	학년/학년군	1
교 과	과학탐구실험	대단원	I. 역사 속의 과학 탐구

성취 기준　**10과탐01-02**

과학사에서 우연한 발견으로 이루어진 탐구 실험을 수행하고, 그 과정에서 발견되는 과학의 본성을 설명할 수 있다.

10과탐02-04

흥미와 호기심을 갖고 과학 탐구에 참여하고, 분야 간 협동 연구 등을 통해 협력적 탐구 활동을 수행하며, 도출한 결과를 증거에 근거하여 해석하고 평가할 수 있다.

평가 유형　관찰 평가, 산출물 평가

핵심 역량　지식정보처리, 의사소통 능력, 심미적 감성

평가 내용　원소들의 성질과 특징을 조사하고 규칙성을 찾아 배열할 수 있다.

수업 및 평가 절차

학습 단계	교수 학습 활동	비고 (평가 계획 등)
1차시	멘델레예프 주기율표의 이해	이론 수업
2차시	애플리케이션 사용법 익히기 및 원소의 성질 및 특징 자료조사	자료 수집 활동
3차시	원소 카드 마커 만들기 및 증강현실 영상 제작하기	자료 수집 활동
4차시	원소 카드 마커를 통해 자신만의 주기율표 만들기	모둠 평가

생활기록부 교과세부능력특기사항에 기록

STEP 1 ··· 증강현실 활용 원소 카드 마커 만들기

학생들에게 원소 카드를 나눠 주고 해당 원소기호에 대하여 조사하여 내용을
채울 수 있도록 하였다(2인 1조 : 2개의 원소 조사).

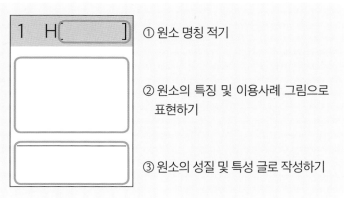

① 원소 명칭 적기

② 원소의 특징 및 이용사례 그림으로
표현하기

③ 원소의 성질 및 특성 글로 작성하기

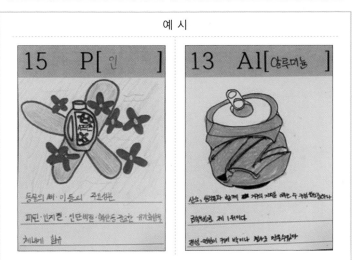

예 시

학생들의 수준을 고려하여 채울 수 있는 내용의 난이도를 조절하거나 조사하는 원소의 개수를 증
감하는 등 다양한 방법을 통해 원소 카드 마커를 만들 수 있습니다. 또한 그림에 다양한 색이 입혀
질수록 더 좋은 마커로서 활용될 수 있으므로 학생들이 열심히 색칠하도록 지도합니다.

STEP 2 ··· **원소 마커에 들어갈 영상 만들기**

원소 조사를 통해 얻은 자료들 중 원소의 특징 및 이용사례를 잘 표현할 수
있는 사진 및 영상(3장 이상)을 앨범에 저장한 후 하나의 영상으로 편집할 수
있도록 한다.

① 영상에 담을 자료 수집하기

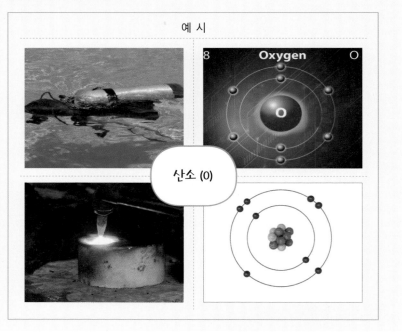

② Viva video를 통해 영상 편집하기

STEP 3 ··· **Hp reveal을 이용한 마커 영상 인식 : 증강현실 제작하기**

제작된 원소카드를 Hp reveal 앱을 활용하여 마커로 만들고, 마커를 비추었을 때 제작된 영상이 재생될 수 있도록 한다.

(Hp reveal 앱 사용법은 **3 수업 고수의 팁** HP reveal 활용하기 에서 설명하도록 한다.)

① Hp reveal을 이용하여 마커 인식

② 업로드한 증강현실 영상 재생

STEP 4 ··· **실제 실험 및 탐구**

제작된 원소카드 마커에 담긴 증강현실을 Hp reveal 앱을 활용하여 관찰하고 공부하여 각 원소기호에 대한 규칙성을 찾아 주기율표를 제작한다.

탐구 방법

① 모둠별로 제작한 마커를 모아 1장에 스캔
  하여 전체 마커 종이 만들기

> 학생들이 제출한 마커에
> 그림이 비슷하면 중복으로 인식될 수 있으니
> 최대한 다양하게 그리도록 하고,
> 스캔 시 흐리게 인쇄될 수 있으니
> 진하게 그리도록 지도해야 합니다.

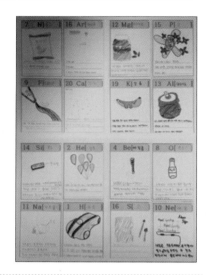

② 전체 마커를 증강현실을 이용하여 조사 후 기준을 정해 분류하기

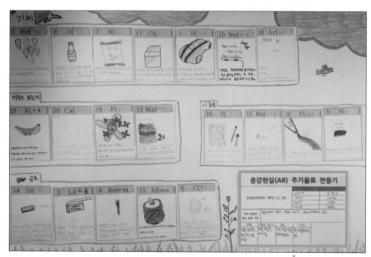

> 이렇게 먼저 분류기준을 적을 수
> 있는 칸을 제공하면 학생들이
> 더 쉽게 분류할 수 있겠죠?

HP reveal 활용하기

사전 사진은 편집 앱으로 미리 편
집해 둔다.

① HP reveal 앱을 실행한다.

② 우측 상단에 '+' 버튼을 누른다.

③ 증강현실이 뜨게 할 배경
그림을 찍는다.

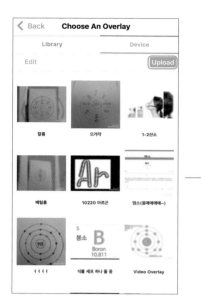

④ 'Upload' 버튼을 누른다.

⑤ 사진첩에서 편집해 둔 사진을
고른다.

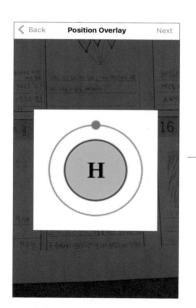

⑥ 사진이 뜨면 화면을 돌리거나
줄일 수 있다.

⑦ 공유할 증강현실의 이름을
정한다.

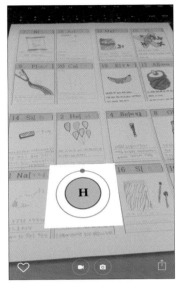

⑧ 증강현실이 제대로 생성되었는 지 확인한 후 아래 버튼을 누른다.

⑨ 초기에 설정해 둔 사진과 같은 사진을 찍으면 증강현실이 실현 된다.

선생님들은 보통 여러 반을 담당하기 때문에 반끼리 마커가 섞일 우려가 있습니다. 따라서 반마다 아이디와 패스워드를 지정하여 반끼리 마커를 공유할 수 있다면 혼란을 더욱 줄일 수 있을 것입니다.
저의 예시로는 1-1반은 'ID : innam1-1', 'PW:12345678'로 지정하여 로그인하였더니 수월하게 운영할 수 있었습니다.

🚩 수업자의 생각

학생들이 예전부터 주기율표는 단순히 암기해야 하는 부분이라고 생각할 수 있기 때문에 STEAM을 활용한 융합 학습을 통해 주기율표가 갖는 의미를 가르친다면 흥미와 학습 두 마리의 토끼를 동시에 잡을 수 있다고 생각합니다. 앱을 이용하여 멘델레예프처럼 자신만의 주기율표를 자기 주도적으로 만든다면 얼마나 값진 학습이 되었을지 생각해 봅니다.

학생 작품 예시

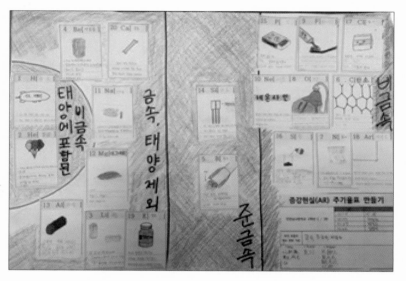

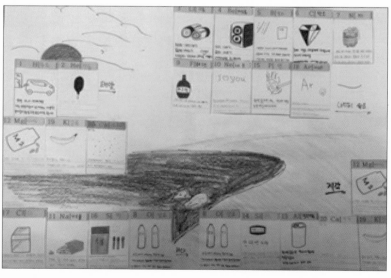

학생 작품 예시

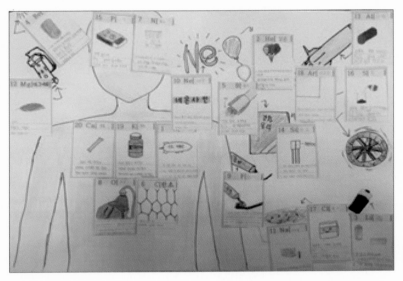

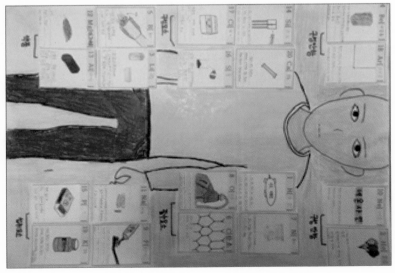

학생 작품 예시

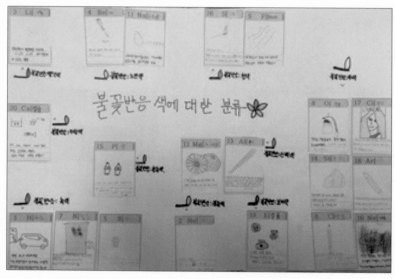

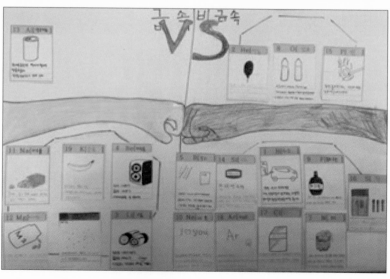

평가 계획은 다음과 같습니다.

본 평가는 기본적으로 모둠끼리 수행하였기 때문에 조별 과정 및 산출물 평가를 실시하였습니다. 원소기호에 대한 과학적 지식을 바탕으로 타당한 분류기준으로 수행하였는지 같은 지식적인 측면과, 자료수집 능력과 과제를 구현해내는 능력 등 행동적인 측면을 동시에 평가하려고 노력하였습니다. 좀 더 고민해 본다면 의사소통 능력 및 협동심 등 정의적인 부분도 평가해 볼 수 있을 것 같습니다.

수행평가 세부 척도안		
항목	상세 채점 기준	점수
분류기준의 과학적 타당성 (5점)	분류기준이 과학적으로 타당하며 기준이 3가지 이상이 존재한다.	5
	분류기준이 3가지 이상 존재하지만 과학적으로 오류가 있다. 또는 분류기준이 3가지 미만이다.	4
	분류기준이 3가지 미만이면서 과학적 오류가 있다.	3
자료수집 능력 및 과제 구현 능력	마커가 정상적으로 작동하며 영상의 내용이 해당 원소와 일치한다.	5
	마커가 정상적으로 작동하지 않지만 영상의 내용은 일치한다.	4
	마커가 정상적으로 작동하지 않으며 영상의 내용도 일치하지 않는다.	3
미제출		3

학교생활 기록부 기재 예시
'ㅇㅇㅇㅇㅇㅇ'라는 분류기준을 세워 Hp reveal 애플리케이션을 이용하여 원소에 대한 규칙성을 찾아 자신만의 주기율표를 제작하였으며, 그 과정에서 창의적인 표현 방식과 과학적인 문제 해결력을 보임.

10과탐01-03

직접적인 관찰을 통한 탐구를 수행하고, 귀납적 탐구 방법을 설명할 수 있다.

증강현실을 활용한 지질 안내판 만들기

이 자 랑 선생님 (인천남고등학교)

암석의 관찰과 분류

과학 수행 평가가 있어 아이들에게 일괄적으로 과제를 내어 주었습니다. 급히 과제를 내어 주기도 하였고, 아이들이 어떤 결과물을 제출할지 궁금하기도 하여, 아래의 두 가지만 학생들에게 공지하고 2주일 정도의 시간을 주었습니다.

> 1. A3(297x420 mm)의 과제 최대 규격
> (안내판이라는 제목에 너무 과도하게 크게 제작할까 봐)
>
> 2. '우리 동네 암석 지질 안내판 만들기'라는 과제명

교사의 생각으로 '수행평가이니 그냥 평면에 예쁘게 그림을 그리고 일반적인 안내판처럼 해 오겠지?'라는 생각과는 달리 아이들의 수행 결과물은 가히 신비로웠습니다.

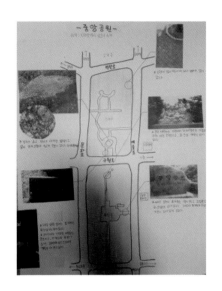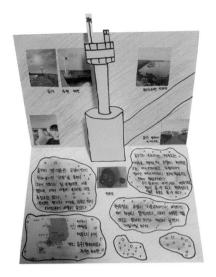

    떨어진 돌이 붙어 있는 체험형 안내판에서부터 접혀 있어 펼치면 입체가 되는 안내판까지. 평면으로만 과제가 나올 것이라 생각했던 저의 빈약한 창의력을 부끄럽게 만들 정도였죠.

    이 아이들이 정성으로 만든 게시판에 점수를 부여하고 계속 작품을 넘겨 가는데, 한 아이의 안내판이 눈에 들어왔습니다. 정갈하게 만들었을 뿐 전혀 특색이 없는 게시판, 그것도 규격보다 작은 A4(210×297 mm)에 출력된 작은 종이 한 장이었습니다. 이것은 암석의 사진이 포함되어 있지 않아 약속대로 1점을 감하고 학생들에게 점수를 공지하였는데, 나중에 그 학생이 찾아와 나에게 선생님께서 왜 감점을 하셨는지 모르겠다며 자신의 SNS를 혹시 읽지 못하셨냐고 물었습니다. 다시 보니 주소가 있어 이것이 무엇이냐고 물었더니, 갑자기 자신의 휴대폰을 갖다 대는데 평면의 포스터에서 무엇이 마구 뜨는 게 아니겠어요? 아니, 이런 부끄러운 일이!

아이들이 더 잘 아는 다양한 과제의 표현 방법, 우리도 배워 보고 알려 줘야 하지 않을까요?

🚩 수업자의 생각

학생들로 하여금 수행평가로 창의적 산출물을 제출하도록 하는 경우가 많다. 이러한 평가에 있어 종종 교사도 놀라는 다양한 산출물들이 나올 때가 있다. 4차 산업 혁명 시대라는 단어에 걸맞게 아이들은 더 많은 프로그램을 보다 능숙하게 다루고 있다. 따라서 조금만 더 그 포문을 당겨 준다면 학생들이 만들어 내는 결과물은 우리의 생각보다 더 다채로워질 것이라 생각한다.

이 때문에 학생들에게 더욱더 많은 경험과 노출이 필요하다고 생각한다. 경험이 아이들의 창의력을 열어 줄 수 있는 열쇠가 되어 줄 것이라 믿어 의심치 않기 때문에.

학교급	고등학교		학년/학년군	2, 3

교 과	지구과학실험, 지구과학 II		대단원	II. 지구 구성 물질과 자원

성취 기준 **10과탐01-03**

직접적인 관찰을 통한 탐구를 수행하고, 귀납적 탐구 방법을 설명할 수 있다.

평가 유형 토의 토론, 실험 평가

핵심 역량 자기관리, 지식정보처리

평가 내용 우리 주변에서 관찰할 수 있는 암석으로 지질 안내판을 제작하고 이를 통해 암석(화강암, 퇴적암, 변성암)의 특징을 설명할 수 있다.

수업 및 평가 절차

학습 단계	교수 학습 활동	비고 (평가 계획 등)
1차시	암석의 관찰	이론·실험 수업
	⬇	
2-3차시	우리 주변 암석의 관찰 및 지질 안내판 제작	야외 학습
	⬇	
4차시	지질 안내판 전시 및 발표	발표 평가
	⬇	
	생활기록부 교과세부능력특기사항에 기록	

STEP 1 ··· 암석의 관찰 및 샘플 사진 촬영

표본을 제공하여 학생들이 암석 샘플을 관찰하며 암석의 특징을 이해할 수 있도록 합니다.

(예시)	1	2	3	4	5	6	7
암석명	현무암	화강암	석회암	사암	이암	규암	대리암

바르지 못한 촬영의 예(X)		올바른 촬영의 예(O)

스케일 바(scale bar)가 없어 크기를 비교할 대상이 없음.	수직으로 찍히지 않아 방향성 판단이 어려움	크기를 비교할 대상과 함께 수직으로 촬영한다.

> 학생들이 암석을 사진으로 찍거나 스케치할 때 주변에 크기를 비교할 만한 기준이 되는 물체[스케일 바(scale bar)]의 필요성을 설명하고 사진을 연구 또는 실험 결과를 사진으로 촬영할 때의 유의 사항을 지도하는 것이 좋다.

STEP 2 ··· 학교 또는 지역 내 암석 관찰

암석의 관찰 사진	관찰된 특징
	학교 돌담/사암(퇴적암) - 모래 알갱이가 보인다. - 표면이 거칠다.
	학교 정원석/화강암(화성암) - 색이 밝고 검은색 입자(알갱이)가 박혀 있다. - 입자의 크기가 크다.

STEP 3 ··· **실제 실험 및 탐구**

학교에서 관찰한 내용을 바탕으로, 망고보드(http://www.mangoboard.net/) 등과 같은 사이트에서 안내판 포스터를 제작할 수 있도록 안내합니다.

HP reveal 활용하기

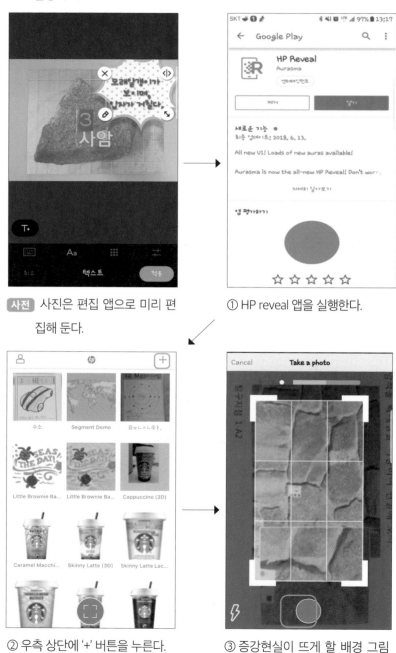

사진 사진은 편집 앱으로 미리 편집해 둔다.

① HP reveal 앱을 실행한다.

② 우측 상단에 '+' 버튼을 누른다.

③ 증강현실이 뜨게 할 배경 그림을 찍는다.

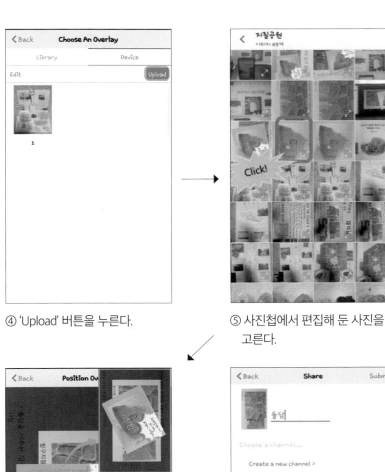

④ 'Upload' 버튼을 누른다.

⑤ 사진첩에서 편집해 둔 사진을
고른다.

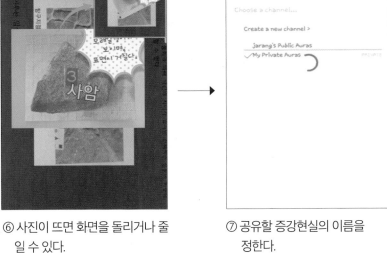

⑥ 사진이 뜨면 화면을 돌리거나 줄
일 수 있다.

⑦ 공유할 증강현실의 이름을
정한다.

⑧ 증강현실이 제대로 생성되었는
지 확인한 후 아래 버튼을 누른다.

⑨ 초기에 설정해 둔 사진과 같은
사진을 찍으면 증강현실이 실현
된다.

Tip! 제작한 주소를 공유하면 다른 스마트 폰으로도 인식이 가능함

실험 활동지 [암석의 관찰]

( )고등학교 1학년 ( )반	이름	( )번 ( )

성취기준	[10과탐01-03] 직접적인 관찰을 통한 탐구를 수행하고, 귀납적 탐구 방법을 설명할 수 있다.

I. 암석 샘플의 사진을 촬영하고 특징을 기록해 봅시다.

암석	사진	특징
현무암		- 기공(구멍)이 있음. - 색이 어두움. - 입자(알갱이)의 크기가 작음.
화강암		- 색이 밝음. - 검은색 입자(알갱이)가 박혀 있음. - 입자(알갱이)의 크기가 큼.
석회암		- 묽은 염산과 반응하여 기포가 발생함. - 밝은색을 띰.
사암		- 모래 알갱이가 보임. - 거친 표면을 가짐.

실험 활동지 [암석의 관찰]

| ( )고등학교 1학년 ( )반 | 이름 | ( )번 ( ) |

| 성취기준 | [10과탐01-03] 직접적인 관찰을 통한 탐구를 수행하고, 귀납적 탐구 방법을 설명할 수 있다. |

Ⅱ. 암석 샘플의 사진을 촬영하고 특징을 기록해 봅시다.

사진	특징
	[학교 돌담 / 퇴적암(사암)] 모래 알갱이가 보인다. 표면이 거칠다.
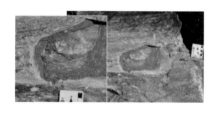	[학교 정원석 / 화성암(화강암)] 색이 밝고 검은색 입자(알갱이)가 박혀 있다. 입자의 크기가 크다.
	[학교 정원석 / 변성암(대리암)] 묽은 염산과 반응하여 기포가 발생하며 밝은색을 띤다.
	[학교 자갈길 / 퇴적암(주로 사암)] 다양한 암석이 섞여 있다. 그중, 모래 알갱이가 보이고, 표면이 거친 암석이 주를 이룬다.

본 수업은 학생들의 실험을 통해 관찰한 결과를 바탕으로 창의적 산출물을 평가하도록 되어 있습니다. 학생들이 산출물을 창의적으로 만들기 위해 너무 많은 제약을 두지 않도록 할 것인지, 객관적인 평가 지표를 마련하기 위해 산출물의 조건을 제시할 것인지에 대한 기준을 확실히 설정할 필요가 있습니다. 만약 학생들의 수행 평가에서 창의적 산출물에 대한 기준을 부여할 계획이라면 정말 기본적인 기준 외에는 평가에 대한 제약을 모두 생략해 두는 것이 좋겠죠?

수행평가 세부 척도안

항 목	상세 채점 기준	점수
암석의 특징 관찰 (5)	제시된 암석의 특징을 조사하여 분류함.	5
	제시된 암석의 특징을 조사하였으나 분류할 수 없음.	4
	제시된 암석의 특징을 구분할 수 없음.	3
우리 지역 지질 안내판 제작 (5)	창의적인 지질 안내판을 제작함.	5
	우리 지역의 암석이 포함된 안내판을 제작함.	4
	안내판에 암석의 특징이 제시되지 못함.	3
미제출		3

학교생활 기록부 기재 예시

암석을 관찰하여 화성암, 퇴적암, 변성암을 분류하고 ○○○(암석명)의 특징을 조사하여 우리 지역 내 암석 특징과 연관 지어 창의적인 지질 안내판을 제작 발표함.

가설 설정을 포함한 과학사의 대표적인 탐구 실험을 수행하고, 연역적 탐구 방법의 특징을 설명할 수 있다.

효모 발효 실험과 건강한 몸

서 재 원 선생님 (인천만수고등학교)

　선생님들에게 실험 수업은 쉽지 않은 일입니다. 특히나 실험 조교 선생님이 계시지 않는 학교에서 실험 수업이란 선생님들에게 매우 부담이 될 수밖에 없죠. 또한 학교 교육과정상 수업이 2단위인 경우 시험범위 진도를 나가기도 빠듯하여 실험을 못 하게 되는 경우도 많습니다. 그래서 저는 간단히 준비할 수 있는 실험을 선호합니다. 물론 그중에서도 실험 시간이 오래 걸리지 않고, 학생들에게 아주 어렵지는 않으며, 그럼에도 불구하고 실험 결과가 뚜렷하여 학생들이 흥미를 갖는 실험을 좋아합니다.

　이런 까다로운 저의 기준에 부합하는 실험이 그리 많지 않지만, 효모 발효 실험은 그 까다로운 기준을 모두 충족하는 실험입니다. 생물 선생님이라면 다들 알고 계신 실험이기는 하나, 의외로 수업에 적용하는 선생님들이 별로 없는 실험이기도 합니다. 생명과학Ⅰ, 생명과학Ⅱ뿐만 아니라 과학탐구실험 수업에도 적용할 수 있어 활용성이 높고, 생물이 아닌 다른 과학 선생님들께서 해 보시기에도 매우 좋은 실험이므로 강력 추천합니다. 여기에 깊은 내용을 덧붙인다면 수준 높은 학생들에게도 어울리는 심화 수업을 디자인하실 수 있습니다.

　학생들은 효모 발효 실험을 통해 자신이 평소에 섭취하던 음료뿐만 아니라 음식들에 대해 생각해 보고 반성할 기회를 가질 수 있습니다. 이를 바탕으로 건강한 식습관에 대해 생각해 보게 하고, 직접 칼로리와 영양소를 고려한 식단을

영단어를 외우던 학생도 엄지 척하게 만드는 실험

짜 보는 활동을 통해 자신들이 그동안 얼마나 편식했으며 패스트푸드나 인스턴트 음식을 많이 섭취했는지를 깨닫게 됩니다. 건강한 식습관에 꾸준한 운동이 더해진다면 금상첨화겠죠. 학생들을 건강하게 만들어 줄 수업을 시작합니다.

🚩 수업자의 생각

한창 클 때의 학생들은 간식을 많이 먹는다. 성장기니 얼마나 배가 고플까. 주로 빵이나 과자, 아이스크림, 음료수를 많이 섭취하는데, 특히 음료수는 배도 별로 부르지 않고 홀짝홀짝 오랫동안 즐길 수 있어 남녀 가리지 않고 공부하면서 많이 마시게 된다. 성인들이 맥주나 커피, 차를 얼마나 많이 마시는지 생각해 보면 학생들의 음료 사랑도 이해가 된다. 문제는 그 음료들의 열량과 성분이다.

편의점이나 마트에서 250㎖ 캔 음료 아무거나 들어 봐도 100㎉ 가까이 된다. 심지어 학생들은 그것도 적다고 느껴 매점이나 자판기에서 뚱캔이라고 부르는 355㎖짜리 음료수를 사 먹는다. 물론 안 마시는 학생들도 있지만, 보통 하루에 한 캔에서 심하면 매 쉬는 시간마다 한 캔씩 사 먹는 학생도 본 적이 있다.

어릴 때이기에 아직 기초대사량도 높고, 활동량도 왕성하여 그렇게 먹어도 별로 살이 찌지 않을 수도 있다. 하지만 어릴 적부터 음료수의 과도한 음용이 습관으로 자리 잡는다면 성인이 되어서도 무분별한 열량 섭취로 인해 비만, 당뇨를 비롯한 각종 성인병들의 원인이 될 수도 있다.

단순히 발효에 대해서만 다룬다면 흥미를 유발시키기 힘드니 열량과 다이어트, 건강과 연관 지어서 수업을 진행해 보자. 학생들은 외모에 대한 관심이 높기 때문에 다이어트나 운동에 관심이 많다. 학생들이 직접 건강한 식단을 짜 보고, 운동 계획을 세운 후 실천까지 해 본다면 이 잠깐의 경험이 후에 건강한 삶을 살아가는 데 필요한 좋은 경험이 될 것이다.

1 수업 개요 --

학교급 고등학교   학년/학년군 2

교 과 생명과학 I   대단원 II. 사람의 물질대사

         생명과학 II   I. 세포와 물질대사

성취 기준 **10과탐01-04**

가설 설정을 포함한 과학사의 대표적인 탐구 실험을 수행하고, 연역적 탐구 방법의 특징을 설명할 수 있다.

12생과 I 02-01

물질대사 과정에서 생성된 에너지가 생명활동에 필요한 ATP로 저장되고 사용됨을 이해하고, 소화 · 호흡 · 순환 과정과 관련되어 있음을 설명할 수 있다.

12생과 II 03-03

산소 호흡과 발효의 차이를 이해하고 실생활 속에서 발효를 이용한 사례를 조사하여 발표할 수 있다.

평가 유형 실험 평가, 보고서 및 계획서 평가

핵심 역량 지식정보처리, 공동체

평가 내용 효모의 발효 실험 과정 및 결과 해석

수업 및 평가 절차

학습 단계	교수 학습 활동	비고 (평가 계획 등)
1차시	물질대사와 발효 이론 수업	이론 수업
2차시	자신이 평소에 즐겨 먹는 음료수를 하나씩 가져와 어떤 음료수에 당이 가장 많이 포함되어 있을지 예측해 보고, 효모 발효 실험을 통해 확인	모둠 실험 평가
3차시	실험 보고서를 작성 후 건강하고 실천 가능한 식습관과 운동 계획 짜기	보고서 및 계획서 평가
생활기록부 교과세부능력특기사항에 기록		

효모의 발효 실험 상세 과정 (생명과학II를 기준으로 작성)

○ 준비물 : 생효모, 증류수, 퀴네 발효관, 유리막대, 비커, 스포이트, 솜, 각종 음료, 5% 포도당 수용액, 5% 설탕 수용액, 5% 갈락토스 수용액, 40% KOH 용액(탄산음료는 하루 정도 탄산을 제거한 것을 사용한다.)

❶ 100㎖의 증류수에 생효모 9~10g을 넣고 저어 가며 잘 녹여 효모액을 만든다. 건조효모를 사용하면 실험이 오래 걸리고 반응도 일어나지 않는 경우가 많다. 어쩔 수 없이 건조효모를 사용해야 한다면 양을 더 많이 넣는다.

❷ 4개의 퀴네 발효관 A~D를 준비하여 다음 표와 같이 첨가한다. 이때 발효관의 맹관부에 기포가 들어가지 않도록 맹관부를 아래로 가게 하여 용액을 넣고, 용액이 섞이도록 살살 흔들어 준다.

발효관 조작변인	발효관 A	발효관 B	발효관 C	발효관 D
용액 조성	포도당 20㎖ 증류수 15㎖	포도당 20㎖ 효모액 15㎖	설탕 20㎖ 효모액 15㎖	갈락토스 20㎖ 효모액 15㎖

cf) 퀴네 발효관이 작다면 포도당 수용액 등을 15㎖씩만 넣는다.

❸ 발효관의 맹관부에 기포가 들어가지 않도록 주의하며 발효관을 세운 다음 발효관의 입구를 솜으로 막는다.

❹ 맹관부의 눈금을 읽어 발생하는 기체의 부피를 4분 간격으로 기록한다.

❺ 각 발효관의 맹관부에 기체가 더 이상 생기지 않으면 기체의 부피를 측정한 후, 솜마개를 빼고 냄새를 맡아 본다.

❻ 각 발효관의 둥근 부분에 모인 용액을 스포이트로 일부 뽑아내고 40% KOH 용액 15㎖를 발효관에 넣은 후, 발효관의 입구를 손으로 막고 잘 흔든 다음 맹관부에서 어떤 변화가 일어나는지 확인한다.

❼ 포도당, 설탕, 갈락토스 수용액 대신 학생들이 가져온 음료를 이용하여 ❷~❹까지의 실험을 수행한다. 효모액은 남은 것을 이용한다.

❖ 생명과학 I 에서 다룬다면 포도당, 설탕, 갈락토스 수용액 대신 처음부터 음료를 이용하여 실험한다.

3 수업디자인

단계	학습과정	교수·학습 활동 상황
도입(5분)	주의 집중	▶ 주의 집중 및 정리정돈 ▶ 학습준비 상태 및 자료 확인 • 인사와 함께 주변을 정리 정돈시킨다.
	동기유발	▶ 동기유발 • 모둠을 돌아다니며 학생들이 가져온 음료는 무엇이 있는지 보여 주고 모둠원들끼리 조금씩 맛보게 한다. 맛을 기준으로 가장 많은 당을 포함하고 있는 음료는 무엇일지 예측해 보게 하고 예측한 것을 기록하여 실험 후 결과와 비교해 보도록 한다.

전개 1
(5분)
	탐구실험
	준비
		▶ 수업 진행 설명
		• 실험 시 주의사항
		  - 각 용액을 먹지 않도록 한다.
		  - 퀴네 발효관을 깨뜨리지 않도록 조심한다.
		  - 기체 부피 측정 시에는 모든 발효관을 동시에 측정하도록 한다.
		
		▶ 모둠 역할 정하기 (탐구 활동 시 혼란 방지)
		• 4인 모둠일 때, 각 모둠원이 발효관을 하나씩 맡아 실험을 진행하게끔 한다.
		• 두 명을 뽑아 한 명은 시간을 재고, 다른 한 명은 기체 부피를 기록하도록 한다.

단계	학습과정	교수·학습 활동 상황
전개 2 (35분)	탐구활동 학습하기	▶ **탐구 활동 실시** • 탐구활동 안내를 한다. 　　1. 효모액 만들기 　　2. 발효관의 변화 관찰 및 기록하기 　　3. 40% KOH 용액 넣어 보기 • 학생들은 자신의 역할을 충실히 수행한다. ▶ **준비한 음료로 재실험** • 교사는 교실 전체를 순회하며, 학생들의 예측과 실험 결과가 같게 나오는지 물어보고 관찰한 데이터를 잘 기록하는지 확인한다.

단계	학습과정	교수·학습 활동 상황
정리 1 (5분)	내용정리 및 차시예고	▶ 정리하기 • KOH 용액에 대한 반응을 바탕으로 맹관부에 발생한 기체가 CO_2임을 확인시킨다. • 다음 시간에는 표에 기록한 데이터를 바탕으로 시간에 따른 기체 발생량을 그래프로 그려 보는 보고서를 작성하고, 실천 가능한 식습관과 운동 계획을 짜 보는 활동을 할 것임을 예고한다.

특별할 것 없는 효모의 발효 실험을 특별하게 만드는 것은 건조효모가 아닌 생효모를 이용하는 것입니다. 생효모를 사용하여 실험하면 폭발적으로 이산화탄소가 발생하며, 퀴네 발효관이 작은 경우엔 막아 놓은 솜이 밀려 나와 용액이 흘러내리는 참사가 벌어지기도 합니다.

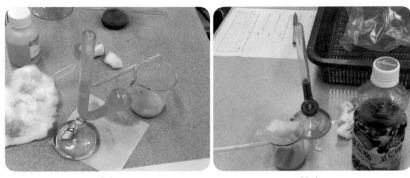

참사 1   참사 2

이를 통해 식습관에 대한 반성을 유도하고, 건강한 식습관 계획과 운동 계획을 직접 짜고 실천해 보도록 연계한다면 특별함은 배가됩니다. 중요한 것은 '실천 가능함'으로, 거창하기만 한 계획이어서는 안 됩니다. 일정 기간을 주고 실천 과정과 그 결과를 발표하도록 하여 이를 평가에 반영할 수도 있습니다. 효모의 발효 실험에서 시작한 수업이 장기간의 프로젝트로 이어지게 되는 셈입니다.

저는 학생들에게 약 한 달의 기간을 주고 식습관 및 운동 계획을 실천한 후 그 변화를 발표하도록 했었습니다. 물론 한 달은 몸의 변화가 충분히 일어나기엔 길지 않지만, 학생들이 몇 달씩 식단 및 운동을 관리하기는 매우 힘들기에 정한 기간이었습니다. 만약 실천까지 평가하신다면 학생들이 발표 자료를 몰아서 만들지 못하도록 하는 것이 중요합니다. 식습관이나 운동은 꾸준히 지속하는 것이 건강의 핵심이기 때문입니다. '클래스팅'이나 '구글 클래스룸' 등을 이용해 학생들이 실천한 바를 바로바로 업데이트하도록 한다면 이를 방지할 수 있습니다.

학생 작품 예시

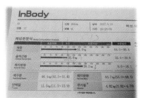

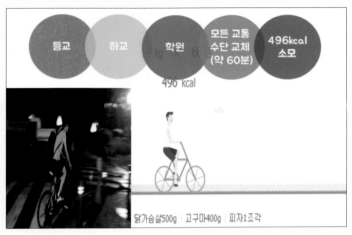

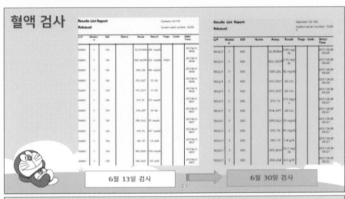

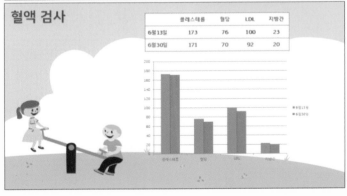

수행평가 세부 척도안

항 목	상세 채점 기준	점수
보고서 작성 (5점)	실험 결과를 구체적으로 기록했으며, 논의 및 고찰을 논리적으로 작성함	5
	실험 결과를 기록했으며, 논의 및 고찰을 간단히 작성함	4
	실험 결과를 기록하지 않았거나, 논의 및 고찰을 작성하지 않음	3
계획서 작성 (5점)	지속 가능하고 건강한 식단과 운동 계획을 모두 작성	5
	식단과 운동 계획을 모두 작성	4
	식단과 운동 계획 중 하나만 작성	3
미제출		4

학교생활 기록부 기재 예시

효모의 알코올 발효 실험을 수행하면서 자신이 평소에 마시던 자판기의 음료로 실험하여 음료에 얼마나 많은 당이 포함되어 있는지 깨닫고 건강을 위해 음료 섭취를 줄일 것을 다짐함. 또한 자신의 식습관과 생활 습관을 돌아보고 건강한 삶을 유지하기 위해 실현 가능한 식단과 운동 계획서를 작성하여 한 달 동안 실천한 다음 그 변화를 친구들 앞에서 발표함.

즐거운 배움 **1** # 효모의 이산화탄소 방출량 비교 실험

단원명	Ⅱ-1. 생명활동과 에너지	학번	
탐구주제	효모의 이산화탄소 방출량 비교	이름	

1. 실험결과

단위 : ㎖

시간 주스								

2. 논의 및 고찰

1. 이 실험에서 대조군은 무엇인가?

2. 어떤 주스를 넣은 발효관에서 기체가 가장 많이 발생하는가? 그 이유는 무엇일까?

3. 과정 ❺에서 솜마개를 빼고 냄새를 맡아 본 결과는 어떠한가?

4. 발효관의 맹관부에 모인 기체는 무엇인가?

② 효모의 알코올 발효 실험

단원명	Ⅰ-2-3. 발효	학번	
탐구주제	효모의 알코올 발효 실험	이름	

1. 실험결과

단위 : ㎖

시간 발효관								
A								
B								
C								
D								

2. 논의 및 고찰

1. 이 실험에서 대조군은 무엇인가?

2. 어떤 발효관에서 기체가 가장 많이 발생하는가? 그 이유는 무엇일까?

3. 발효관 C에서 설탕을 호흡 기질로 이용할 수 있는 것은 효모가 어떤 효소를 갖고 있기 때문인가?

4. 발효관 C와 D의 결과로 알 수 있는 것은 무엇인가?

5. 과정 ❺에서 솜마개를 빼고 냄새를 맡아 본 결과는 어떠한가?

6. 발효관의 맹관부에 모인 기체는 무엇인가?

7. 발효관을 솜마개로 막은 이유는 무엇일까?

생활 제품 속에 담긴 과학 원리를 파악할 수 있는 실험을 통해 실생활에 적용되는 과학 원리를 설명할 수 있다.

사이펀 효과 변기 만들기

윤 자 영 선생님 (인천공항고등학교)

사이펀 효과는 변기나 세면대에서 볼 수 있습니다. 물이 빠져나가는 관이 N 자 형으로 구부러져 있는데 이를 '사이펀 관'이라고 합니다. 이를 빨대로 만든 사진을 봅시다.

플라스틱 컵에 구멍을 뚫고 구부러진 빨대를 넣어 구멍을 막았습니다. 그리고 컵에 물을 부으면 어떻게 될까요? 상식적으로 빨대가 구부러진 곳인 A 이상까지 물을 채워야 물이 넘어간다고 생각할 수 있습니다. 그리고 그곳을 넘는 만큼의 물만 빨대를 타고 아래로 내려가겠죠. 하지만 놀라운 현상이 일어납니다. 빨대를 타고 아래로 내려가는 물은 A를 넘어 물이 들어오는 B의 높이에 있는 물까지 빠져나갑니다. 이는 대기압과 관련되어 있는데요. 선생님들도 이를 설명하기보다는 재미있는 현상을 이용한 장치를 만드는 것에 초점을 두면 좋겠습니다.

수업 개요 ---

학교급 고등학교   학년/학년군 1

교 과 과학탐구실험   대단원   II.생활 속의 과학 탐구

성취 기준   **10과탐02-01**

생활 제품 속에 담긴 과학 원리를 파악할 수 있는 실험을 통해 실생활에
적용되는 과학 원리를 설명할 수 있다.

평가 유형   실험 평가

핵심 역량   창의적 사고, 공동체 역량

평가 내용   사이펀 효과를 확인할 수 있는 장치를 만들고, 잘 작동되는지 확인한다.

수업 및 평가 절차

학습 단계	교수 학습 활동	비고 (평가 계획 등)
1차시	사이펀 효과 알아보기(빨대를 이용한 물 이동)	실험 활동
2차시	사이펀 효과 변기 만들기	모둠 활동
생활기록부 교과세부능력특기사항에 기록		

사이펀 변기 만들기 상세 과정

❶ 준비물 : 페트컵 3개, 스카치테이프, 일
자 빨대 1개, 구부러진 빨대 1개, 가위, 인
두, 글루건

❷ 빨대를 구부려 스카치테이프로 고정하
여 사이펀 관을 완성한다. 이때 빨대가
구부러지는 곳이 접혀 물길을 막지 않도
록 주의한다.

❸ 페트컵 2개에 빨대가 들어갈 수 있도록
바닥에 구멍을 뚫는다. 구멍이 빨대 크기
보가 커야 하므로 송곳 보다는 인두를 사
용하는 것이 편하다(화상 때문에 교사가
모든 구멍을 뚫어 주는 방법도 있다).

❹ 제작된 사이펀 관(빨대)을 페트컵 한 개
에 그림처럼 구멍에 끼운다. 이 페트컵을
맨 위에 올려놓는다. 실험 시에는 여기에
물을 부을 것이다.

❺ 구멍이 완전히 메꿔지도록 글루건을 사용하여 막는다. 완성되면 물을 부어 물이 새는지 꼼꼼히 확인한다(두꺼운 빨대보다 조금 얇은 빨대를 사용하면 더 쉽습니다).

❻ ❺에 장구 모양이 되도록 페트컵을 끼우고,(또 다른 구멍 뚫은 페트컵) 테이프를 이용하여 고정한다.

❼ 마지막 페트컵을 아래쪽에 위치시키고 여러 번 실험을 반복하기 위해 테이프로 엉성하게 붙인다. 마지막 페트컵으로 물이 모인다.

❽ 만들어진 장치에 색소 탄 물을 천천히 부어 본다. 물의 높이가 어디서부터 내려가는지 확인한다.

가. 학생의 발표

사이펀 변기 만들기

얼핏 보기에 어려운 장치를 만들어야 할 것 같지만, 직접 해 보시면 그리 어렵지 않습니다. 1시간에 충분히 할 수 있는 수업입니다. 오른쪽 QR코드를 스캔하여 보십시오. 학생들의 표정에서 즐거움과 만족감을 찾을 수 있습니다. 사이펀 관을 잘 제작하여 물이 새지 않고 잘 빠져나가는지 수행평가해도 좋을 것 같습니다.

나. 간단한 사이펀 효과 익히기

사이펀 변기를 만들기 전에 간단하게 원리를 파악하는 활동을 추천합니다. 사진에서 보는 것과 같이 위쪽에 있는 컵에 물을 가득 담고 아래쪽에 있는 컵으로 물을 옮기라고 합니다. 빨대 두 개를 연결하여(한쪽은 길게) 긴 쪽을 아래쪽 컵으로 하고 물을 조금 빨면 위 쪽 컵의 물이 모두 아래쪽으로 옮겨집니다.

4 평가 계획

평가 계획은 다음과 같습니다. 얼핏 모든 학생이 만점을 맞을 것 같은데 걱정하지 마세요. 2015개정교육과정에서는 모든 학생이 성취기준에 도달하는 것이 목표니까요.

수행평가 세부 척도안

항목	상세 채점 기준	점수
사이펀 효과 변기 만들기(10점)	사이펀 효과 변기가 잘 만들어지고, 물이 빨대 밑면까지 잘 빠진다.	10
	사이펀 효과 변기가 잘 만들어졌지만 물이 잘 빠져나가지 않는다.	8
	사이펀 효과 변기 중간 부분에서 물이 새고, 밑면까지 물이 빠지지 않았다.	6
	미제출	4

학교생활 기록부 기재 예시

사이펀 효과을 이용한 변기 만들기에서, 물이 중간에 새지 않도록 견고하게 제작하였고, 사이펀 관을 통해 물이 빨대 밑면까지 정확하게 빠져나감.

사이펀 변기 만들기

QR코드를 스캔하면 사이펀 변기 만들기 수업 과정의 블로그를 볼 수 있습니다.
사이펀 변기 만드는 과정을 익히시고, 학생의 발표하는 장면도 확인하세요.

과학 탐구 실험	10과탐02-01	생활 제품 속에 담긴 과학
( ) 고등학교 1학년 ( ) 반 ( ) 번		이름
성취기준	[10과탐02-01] 생활 제품 속에 담긴 과학 원리를 파악할 수 있는 실험을 통해 실생활에 적용되는 과학 원리를 설명할 수 있다.	

탐구활동1 **생각해 보기**

◈ 다음과 같은 상황에서 주인공의 고민을 해결할 수 있는 방법에는 무엇이 있는지 모둠의 의견을 모 아 적어 보세요.

<그림 출처 : 네이버 지식백과>

주인공의 고민은?	고민을 해결할 수 있는 방안

◈ 모둠이 생각한 방법대로 모의실험을 수행해 보고 결과를 정리해 봅시다.

과학탐구실험	10과탐02-01	생활 제품 속에 담긴 과학	
( )고등학교 1학년( )반( )번		이름	

성취기준	[10과탐02-01] 생활 제품 속에 담긴 과학 원리를 파악할 수 있는 실험을 통해 실생활에 적용되는 과학 원리를 설명할 수 있다.

탐구활동2 **실험 결과를 이용해 변기의 원리 설명하기**

◈ 다음 재료를 이용하여 사이펀 변기 모형을 만들어 보자.

◈ 변기의 구조에서 실험 결과를 적용할 수 있는 부분은 어디라고 생각하는지 토의해 봅시다.

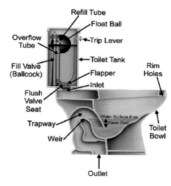

◈ 사이펀의 원리가 무엇인지 찾아보고 정리해 봅시다.

영화, 건축, 요리, 스포츠, 미디어 등 생활과 관련된 다양한 분야에 적용된 과학 원리를 알아보는 실험을 통해 과학의 유용성을 설명할 수 있다.

리코타 치즈 만들기

윤 자 영 선생님 (인천공항고등학교)

'구더기 무서워서 장 못 담근다.'라는 말이 있습니다. 우리 과학 선생님들에게 닥친 문제를 말해 주는데요. 학생들에게 과학실험은 필수적이지만 실험 과정 중에 학생이 다칠 경우 담당 교사에게 책임을 전가하고 있어 실험을 못 하고 있습니다.

특히, 이번에 소개할 리코타 치즈 만들기는 불을 사용하고, 뜨거운 물을 다뤄야 하기 때문에 위험도가 큽니다. 당연히 피하고 싶고, 다른 실험으로 대체하고 싶습니다. 하지만 제가 1년간 과학탐구실험을 운영했을 때, 리코타 치즈 만들기는 학생들이 가장 재미있게 참여한 실험이었습니다.

리코타 치즈 만들기를 수업 시간의 학생들 표정을 보세요. 정말 즐거운 표정이 아닙니까?

'구더기 무서워서 장 못 담근다.' 우리 과학교사는 본질인 실험을 사고 때문에 무서워서 못 하면 안 됩니다. 사고는 안전장치를 충분히 한다면 일어날 가능성이 적습니다. 선생님들도 도전하시어 과학교사의 즐거움을 만끽하십시오.

수업 개요 --

| 학교급 | 고등학교 | 학년/학년군 | 1 |

| 교 과 | 과학탐구실험 | 대단원 | II.생활 속의 과학 탐구 |

성취 기준   **10과탐02-02**

영화, 건축, 요리, 스포츠, 미디어 등 생활과 관련된 다양한 분야에 적용된 과학 원리를 알아보는 실험을 통해 과학의 유용성을 설명할 수 있다.

평가 유형   실험 평가

핵심 역량   창의력, 공동체 역량, 심미적 감성

평가 내용   과학적 원리로 리코타 치즈를 만들고, 이를 활용한 음식을 만들어 본다.

수업 및 평가 절차

학습 단계	교수 학습 활동	비고 (평가 계획 등)
1차시	리코타 치즈 만들기 (과학적 원리 찾기)	실험 활동
2차시	만들어진 리코타 치즈를 활용하여 창의적인 음식 만들기	모둠 활동

생활기록부 교과세부능력특기사항에 기록

리코타 치즈 만들기

QR코드를 스캔하면 리코타 치즈 만들기 수업 과정의 블로그를 볼 수 있습니다. 찬찬히 보시고 수업을 계획해 보세요.

수업 과정

리코타 치즈 만들기 상세 과정

❶ 우유, 레몬즙, 소금, 냄비, 거름망, 휴대용 가
  스레인지, 젓개

❷ 우유 1리터를 냄비에 붓고, 중간 불에서 가
  열합니다(우유만으로 가능하지만 생크림
  500㎖를 추가로 넣으면 더 맛있는 치즈가
  만들어집니다).

❸ 우유 가열 시 젓개로 살살 젓습니다.

❹ 우유가 거품을 내며 끓어오르면 불을 약하게
  줄이고 레몬즙 반 컵을 넣습니다(식초를 사용
  해도 됩니다).

❺ 레몬즙을 넣고, 다음 소금을 한 줌 넣고 치즈가 뭉쳐질 때까지 기다립니다(젓개로 저으면 치즈가 잘 뭉쳐지지 않으니 주의하세요).

❻ 덩어리가 생기면 불을 끄고, 10분간 방치하여 식힙니다.

❼ 거름망에 만들어진 치즈를 넣어 물기를 짜냅니다.

❽ 만들어진 치즈를 시식하고, 창의적인 음식을 만듭니다.

가. 적절한 실험준비물

먼저 가장 주재료인 냄비는 사
진에서 보는 바와 같이 양은 냄비
를 사용했는데, 이는 라면세포 만
들기를 할 때 사용했던 것을 다시
활용한 것입니다. 가격이 저렴하
여 구입하였지만, 예산이 허용된
다면 손잡이가 길고 플라스틱으

로 된 냄비를 사용하여 화상의 위험을 줄이면 좋을 것 같습니다.

그리고 기타 휴지와 물티슈를 많이 준비하여 주십시오. 요즘 학교 화장실에
도 휴지를 비치합니다. 옛날 생각만 하지 마시고, 휴지와 물티슈를 준비해서 언
제든 쉽게 오물을 처리할 수 있게 하십시오.

나. 안전 확보

과학실용 핫플레이트는 냄비 바
닥이 평평해야 잘 가열됩니다. 그
래서 휴대용 가스레인지를 사용했
는데요. 과학실용 핫플레이트도 위
험성은 많습니다. 윗면이 뜨거운지
육안으로 확인되지 않고, 전선이

붙어 녹아 합선이 일어나는 사례도 있었습니다.

만일 불이 위험하다는 생각에 핫플레이트를 구입하시려면 요리용으로 나온 고급을 사용하면 좋을 것 같습니다. 화상에 주의하기 위해서는 뜨거운 냄비를 다루는 학생은 방열장갑을 착용하고, 물에 젖는 거름망을 드는 학생은 목장갑에 고무장갑을 끼면 안전하게 실험할 수 있습니다. 그리고 학생들 스스로도 불 사용에  주의하겠지만, 선생님께서 반드시 화상에 대한 주의를 주시기 바랍니다.

2019년 과학탐구실험은 9등급제가 없어지고, 성취평가만 하게 됩니다. 이제 평가의 부담을 덜고, 더 재미있는 실험으로 과학적 탐구능력만 키우면 되겠습니다. 리코타 치즈 만들기는 학생들이 매우 즐거워했던 실험입니다. 그리고 걱정했던 안전사고는 8개 반을 운영했는데, 단 한 건도 없었습니다. 그만큼 안전준비를 철저히 했기 때문입니다. 선생님들도 구더기 무서워하지 말고, 즐거운 실험에 도전해 보시기 바랍니다.

학습지 또는 학생 작품 예시

치즈 만들기 아주 재미있답니다.

식용 색소를 넣어 색깔이 있는 치즈를 만들어 보자.

우리들도 치즈를 만들 수 있다고요.

정말 맛있었어요.

학교에서 치즈를 만든다니 상상만 해도 즐겁지 않습니까? 학생들도 굉장히 즐거워하는 수업이 됩니다. 단지 치즈를 만드는 수업도 재미있지만 만들어진 치즈를 이용하여 파생하는 수업을 할 수 있습니다. 예를 들면 치즈를 이용한 원자 만들기 어떻습니까? 치즈를 동그란 과자에 올리고 초코볼을 이용하여 전자 배치를 만들 수 있겠죠. 치즈 만들기란 즐거운 수업에서 다른 과학 수업으로의 파생이 무궁무진합니다. 만들어진 치즈로 또 어떤 수업을 할 수 있을까요?

수행평가 세부 척도안

항목	상세 채점 기준	점수
발효 식품 조사 (5점)	기간(시간) 내 작성, 오류 내용 없음, 추가 재료 사용 모두 만족	5
	기간(시간) 내 작성, 오류 내용 없음, 추가 재료 사용 2개 만족	4
	기간(시간) 내 작성, 오류 내용 없음, 추가 재료 사용 1개 만족	3
리코타 치즈 만들기 (5점)	탁월한 작품	5
	평범한 작품	4
	미흡한 작품	3
미제출		4

학교생활 기록부 기재 예시

리코타 치즈 만들기 활동 시 안전사항을 준수하여 성공적으로 치즈를 만들었음. 만들어진 치즈와 과자, 초코볼을 이용하여 원자 모형을 만들었음. 창의적인 작품으로 친구들에게 좋을 평가를 얻었음.

2019년 리코타 치즈 만들기와 요리 확장(인천공항고 윤석자 선생님)

과 학 탐 구 실 험	10과탐02-02		리코타 치즈 만들기
( ) 고등학교 1학년 ( ) 반 ( ) 번		이름	
성취기준	[10과탐02-02] 영화, 건축, 요리, 스포츠, 미디어 등 생활과 관련된 다양한 분야에 적용된 과학 원리를 알아보는 실험을 통해 과학의 유용성을 설명할 수 있다.		

탐구활동1 치즈 만들기 지식

◆ 모둠별 치즈 만들기를 실시해 보자.

1. 우유에 레몬즙을 넣었을 때, 몽글몽글하게 덩어리지는 까닭은?

2. 집에서 치즈를 만들 때, 레몬즙 대신 사용할 수 있는 것은?

준비물 : 우유 1L, 레몬즙, 소금,
거름주머니, 젓개, 냄비, 가스레인지,
종이컵

① 우유를 냄비에 넣는다.

② 중불에서 데우듯이 가열한다. (살살 젓는다.)

③ 끓어오르면 불을 약불로 줄인다.

④ 레몬즙을 종이컵으로 반 컵 넣는다.

⑤ 소금을 한 줌 넣는다.

⑥ 단백질이 응고되면 화상에 주의하면서
거름 주머니에 넣는다.

⑦ 물기를 꽉 짜낸다.

⑧ 그릇에 넣고 시식한다.

과학 원리를 활용한 놀이 체험을 통해 과학의 즐거움을 느낄 수 있다.

과학 원리를 활용하여
게임 고수 되기

서 재 원 선생님 (인천만수고등학교)

과학을 좋아하는 몇몇 학생들을 제외하면 대부분은 과학을 어려워하고 재미 없어 합니다. 과학 선생님들은 잘 이해할 수 없는 감정이죠. 수포자만 있는 것이 아니라 과포자도 의외로 많습니다. 과거보다 현재에 수포자나 과포자가 더 많아진 것은 사실입니다. 저는 그 현상의 원인이 수업에만 있다고 생각하지 않습니다.

요즘 학생들 주변엔 재미있는 것이 너무 많습니다. '너무'라는 약간 부정적 의미를 지닌 부사를 쓸 정도로 과하게 많습니다. 컴퓨터는 말할 것도 없고, 스마

학생들이 침대에서 잠 안 자고 보는 유튜브

트폰을 이용해서 게임, 영상, 음악, 만화, 자극적인 뉴스, SNS, 친구들과의 대화, 심지어는 개인방송과 같이 콘텐츠를 제작하는 생산적인 활동까지 가능한 세상이 되면서 학생들이 경험할 수 있는 자극의 차원이 달라졌습니다. 기껏해야 TV를 보거나 삼국지나 로맨스 소설을 읽고 당구장을 가며 컴퓨터나 2G폰으로 리니지나 미니게임천국 등을 즐기던 세대(이런 세대가 겨우 30살 정도입니다.)보다 재미의 역치가 훨씬 높을 수밖에 없습니다.

이런 학생들에 맞춰 수업 방법에도 변화가 있어 왔습니다. 놀이나 게임과 결합한 수업이 중·고등학교에도 들어왔고, 2015 개정교육과정 과학탐구실험 내용 요소에도 당당히 '놀이 속 과학'이 들어왔습니다.

물론 수업에 사용하는 놀이나 게임은 학생들이 컴퓨터나 스마트폰으로 하는 게임보다는 훨씬 재미가 부족한 건 사실입니다. 그러나 자극적인 외식만 하다 보면 집밥이 그리운 것처럼, 학기당 한 번씩 정도로 가끔 하면 학생들도 소소한 재미를 주는 놀이들을 무척 좋아하는 것을 느낄 수 있었습니다.

🚩 수업자의 생각

일견 보기에 놀이나 게임을 고등학교 수업에 적용하기는 까다로워 보인다. 학생들이 좋아할 정도의 재미와 고등학교 수준의 과학적 개념이나 원리라는 두 가지 속성을 모두 갖춘 게임이 흔치 않다. 더군다나 선생님이 이러한 수업을 위해 놀이나 게임을 만들기는 더더욱 어려운 일이다. 오히려 평범한 수업이나 실험 수업보다 더 준비하기도 어려우면서 재미도 부족한 수업이 될 수도 있다.

그래서 간단하게 생각하기로 했다. 많은 과학적 개념이나 원리가 포함되는 게임을 찾는 것이 아니라, 내가 즐기던 보드게임들에 적용할 수 있는 과학적 원리를 찾아보는 것으로. 시판된 보드게임을 구입하면 선생님이 직접 게임을 고안하고 제작해야 하는 수고로움을 없앨 수 있고, 내가 재밌게 했던 정도라면 학생들도 재미를 충분히 느낄 수 있을 거라고 생각했다.

그렇게 수많은 보드게임들 중에서 내 기준에 부합한 것이 세 가지가 있다. 젠가와 할리갈리, 그리고 펭귄트랩이라는 게임이다. 이 중에서 젠가와 펭귄트랩은 1학년 과학탐구실험 수준에서 다루기에 적당한 것 같고, 할리갈리는 생명과학Ⅰ에서 흥분의 전도와 전달을 배운 후 반응속도를 계산하는 수업으로 써먹으면 좋을 것 같다. 여기서는 젠가와 펭귄트랩만을 소개하지만, 생명과학Ⅰ을 가르치신다면 할리갈리를 이용한 수업을 만들어 보는 것도 좋지 않을까?

수업 개요

- [학교급] 고등학교　　[학년/학년군] 1
- [교　과] 과학탐구실험　　[대단원] Ⅱ.생활 속의 과학 탐구

성취 기준　**10과탐02-03**

　　과학 원리를 활용한 놀이 체험을 통해 과학의 즐거움을 느낄 수 있다.

평가 유형　관찰 평가, 보고서 평가

핵심 역량　창의적 사고, 의사소통, 공동체

평가내용　게임에 포함된 과학 원리 발견, 활용

수업 및 평가 절차

학습 단계	교수 학습 활동	비고 (평가 계획 등)
1차시	젠가와 펭귄트랩 소개, 모둠별 연습 게임	관찰 평가
2차시	젠가와 펭귄트랩에서 알 수 있는 과학적 원리 탐구	보고서 평가
3차시	모둠 간 리그전을 통한 경쟁	

생활기록부 교과세부능력특기사항에 기록

과학 원리를 활용하여 게임 고수 되기 상세 과정

❶ 젠가와 펭귄트랩 게임을 학생들에게 소개
한다. 교사가 게임 방법을 설명해 주고 모
둠별로 연습게임을 몇 번씩 해 본다.

❷ 모둠별로 토의하며 젠가와 펭귄트랩에서
발견할 수 있는 과학적 원리를 찾아본다.
그리고 그 과학적 원리를 이용하여 게임을
더 잘할 수 있는 방법을 생각한다.

❸ 모둠원을 두 팀으로 나눠서 한 팀은 젠가,
한 팀은 펭귄트랩 게임에 참가한다. 모둠 간
에 리그(League)를 치러 승패를 기록한다.

❹ 젠가와 펭귄트랩 두 게임의 리그 승점을 합쳐 가장 승점이 높은 팀에게 간단한 상을 준
다(상 대신 다음 수업이나 활동 시 어드밴티지를 주는 것도 좋다).

단계	학습과정	교수·학습 활동 상황
도입 1	주의집중	▶ **동기유발** • 교사는 수업에 젠가와 펭귄트랩을 할 것을 발표하고, 게임 방법을 설명한다. • 각 모둠에 젠가와 펭귄트랩을 한 개씩 나눠 준다.
도입 2	흥미유발	▶ **연습게임** • 모둠별로 20분씩 젠가 게임과 펭귄트랩 게임을 해 보면서 게임을 이해한다. • 교사는 모둠을 순회하며 연습게임에 같이 참여하기도 하고, 위기 상황의 학생에게 팁도 줘 가며 게임을 즐길 수 있도록 한다.
전개 1	탐구 및 토의	▶ **과학적 원리 탐색** • 모둠별로 젠가와 펭귄트랩을 했던 경험을 떠올리고 직접 만져 보면서 게임에서 활용할 수 있는 과학적 원리를 탐색한다. • 교사는 학생들에게 탐구 보고서를 제공하여 학생들이 단계를 밟아 가면서 과학적 원리를 수월히 찾아낼 수 있도록 도와준다. • 학생들은 토의하며 자신들이 찾은 과학적 원리를 이용해 게임을 더 잘할 수 있는 방법을 찾아 필승 전략을 짜 본다.

단계	학습과정	교수·학습 활동 상황
전개 2	모둠 간 경쟁	▶ 리그(League) 수행 • 한 모둠 내에서 잘하는 게임에 따라 모둠원을 두 팀으로 나눠 한 팀은 젠가, 다른 한 팀은 펭귄트랩 리그에 참여한다. • 학생들은 자신들이 찾은 필승 전략을 활용하며 즐겁게 게임에 임한다. • 첫 게임만 교사가 대전 상대를 지정해 주고, 각 팀은 게임이 일찍 끝난 팀끼리 서로 바꿔 가며 한 번씩 게임을 진행한다. 한 게임이 끝나면 바로바로 보고서에 승패와 승점을 기록한다. 승리 시 승점 1점, 패배 시 승점 0점으로 계산한다.
정리	내용정리	▶ 정리하기 • 교사는 모든 리그가 끝나면 각 모둠의 승점을 받아 우승팀을 발표한다. 우승팀에게는 교사가 사전에 준비한 부상을 수여한다.

젠가와 펭귄트랩 게임을 할 때 교사가 돌아다니며 같이 게임에 참여하는 것을 추천한다. 물론 게임을 못하는 선생님이라면 부담스러울 수도 있겠지만, 학생들에게 이기는 것이 목적이 아니라 학생들과 같이 즐기는 것이 목적이기 때문에 망가질수록 좋다. 물론 너무 못하면 학생들이 겜알못이라고 무시할 수 있으니 중간은 가야 한다.

학생들은 관성이나 무게중심이라는 과학적 원리의 이름을 기억해 내지 못하는 경우가 많다. 이름을 기억해 내지 못했더라도 탐구 보고서에 원리를 풀어서 썼다면 그것도 인정해 주자. 혹시라도 과학적 원리를 찾는 데 아예 감을 못 잡는 모둠이 있으면 그 원리가 적용되는 다른 예시를 설명해 주며 팁을 주자.

과학적 원리를 기억해 냈더라도 그 원리를 게임에 적용하지 못하는 경우도 많다. 무게중심이 중요한 것은 아는데, 무게중심이 어떻게 되면 젠가 탑이 쓰러지는지 이해를 못하는 것이다. 이런 경우엔 무게중심을 구하는 방법부터 다시 알려 주고 젠가로 상황을 만들어 가면서 스스로 깨닫게 할 수 있다.

모둠 간에 토너먼트가 아닌 리그를 하는 이유는 토너먼트는 우승팀을 가리는 데 시간이 덜 들지만 떨어진 팀들은 구경밖에 못 하기 때문에 학생들이 지루해 할 수 있기 때문이다. 반면 리그는 시간이 꽤 많이 들지만 전체 게임이 끝날 때까지 모든 학생들이 게임에 참여할 수 있어 학생들의 집중도가 높다. 다만 한 차시에 리그를 끝내려면 시간 분배를 잘해야 한다. 혹시라도 시간이 모자랄 것 같으면 게임에 조건을 달아 준다. 예를 들면 '젠가를 시작할 때 제일 아래층 세 개 중 양쪽 두 개를 빼고 시작'한다든지, '펭귄트랩을 할 때 한 턴에 망치질 횟수를 x번으로 제한'하는 등의 패널티를 주면 게임시간이 훨씬 단축된다.

우승 시 부상은 꼭 필요한 것은 아니지만, 간식이나 음료 같은 간단하지만 매력적인 걸로 준비하고 리그 시작 전에 홍보하면 학생들이 더욱 치열하게 시합에 임할 수 있다.

혹시 학생들이 젠가를 너무 쉽다고 느끼거나 지루해하여 흥미를 잃는다면 '젠가 패스 챌린지'를 추천한다. 젠가 패스 챌린지는 블록을 꺼낼 때 젠가 탑을 든 상태에서 꺼내고 상대방에게 건네주는 것을 반복하는 고난이도 젠가다.

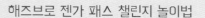

해즈브로 젠가 패스 챌린지 놀이법

게임 시작

패스틀에 젠가를 쌓고 지지대에서 젠가 패스틀을 들어올려 젠가 패스 게임을 시작합니다.

한 손만 사용하세요

자기 차례가 되면 자신이 꺼내고자 하는 나무 블록을 선택하여 한 손만을 이용해 꺼내세요.

리그 도중에 학생들이 상대팀을 방해하는 행동을 하지 못하도록 주의시키고, 특히 젠가를 꺼내거나 망치질을 하는 도중에는 실제로 하고 있는 사람 한 명을 제외하고는 책상에서 아예 손이나 몸을 떼도록 규칙을 정해 오해의 소지를 차단하는 걸 추천한다.

　과학 원리를 활용하여 게임 고수 되기

나. 블록을 쌓을 때
1) 블록 탑이 한 쪽으로 기울었을 때 블록을 쌓아야 한다면 어떻게 쌓겠는가? 그리고 그 이유는 무엇인가? 가울은 방향이 반대 방향에 무게가 쏠리도록 쌓을 것이다. 그렇게 해야 젠가 탑의 균형에 맞아 무너지지 않을 것이다.
2) 위에서 파악할 수 있는 과학 원리는 무엇인가?
젠가 탑의 균형에 따라 무너지는가가 결정되므로 무게 중심과 연관되어 있다.

2. 펭귄트랩

가. 아래와 같은 상황에서 펭귄이 서있는 블록이 받는 힘의 종류와 방향을 사진에 2가지 이상 그려보시오.

나. 펭귄트랩에서 육각형의 블록은 최소 2개의 면에 맞닿아 있어야 떨어지지 않고 버틸 수 있다. 맞닿아있는 면의 개수에 따라 어떤 방향으로 맞닿아 있어야 떨어지지 않는지 그려보자. (그린 블록은 다른 블록들에 의해 떨어지지 않고 지탱된다고 가정한다.)

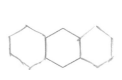

<2면>   <3면>   <4면>

3 리그 수행

리그전을 수행한 후 우리조의 승점을 계산해보자.
1. 젠가 : 2점   / 펭귄트랩 : 4점
2. 총합 : 6점

수행평가 세부 척도안

항 목	상세 채점 기준	점수
젠가 (3점)	젠가의 과학적 원리 2가지를 논리적으로 설명하였다.	3
	젠가의 과학적 원리 1가지를 논리적으로 설명하였다.	2
	젠가의 과학적 원리를 논리적으로 설명하지 못하였다.	1
펭귄트랩 (3점)	펭귄트랩의 과학적 원리 2가지를 논리적으로 설명하였다.	3
	펭귄트랩의 과학적 원리 1가지를 논리적으로 설명하였다.	2
	펭귄트랩의 과학적 원리를 논리적으로 설명하지 못하였다.	1
미제출		1

학교생활 기록부 기재 예시

젠가와 펭귄트랩의 과학 원리를 밝혀내고 리그전을 하는 활동에서 젠가를 뺄 때 관성을 이용하고, 젠가를 놓을 때 무게중심을 고려해야 함을 논리적으로 추론함. 또한 펭귄트랩의 블록에 작용하는 힘의 종류와 방향을 중력과 마찰력, 수직항력 등으로 설명하였으며 육각형의 블록이 떨어지지 않고 지탱되는 상황을 그림으로 그려 표현함. 이러한 과학 원리를 알아내고 직접 게임에 적용하여 조별 리그전에서 우승을 거둠.

즐거운 배움 **1** ## 과학 원리를 활용하여 게임 고수 되기

단원명	과학 원리를 활용한 놀이 체험	학번	
탐구주제	젠가와 펭귄트랩의 원리	이름	

1. 게임 방법

1. 젠가

가. 블록은 한 층에 3개씩 놓아 쌓고, 블록의 방향은 층마다 수직으로 엇갈리게 놓는다.

나. 가위바위보 등을 통해 순서를 정하고, 자기 차례가 되면 자신이 꺼내고자 하는 나무 블록을 선택하여 한 손만을 이용해 꺼낸다. 이때 맨 위층의 블록은 뺄 수 없다.

다. 뽑은 블록을 맨 위에 쌓아 올려 10초간 기다린다.

라. 탑을 무너뜨리지 않고 블록을 쌓아 올린 마지막 사람이 승리한다.

2. 펭귄트랩

가. 얼음 블록을 보드에 끼운다(보드를 뒤집어 끼우는 것이 편리하다).

나. 받침대를 보드 밑에 꽂는다.

다. 펭귄 말을 얼음 블록 가운데에 놓는다. 가위바위보 등을 통해 순서를 정하고, 자기 차례에 손가락으로 회전판을 튕긴다.

라. 회전판의 그림대로 망치로 얼음 블록을 두들겨 떨어뜨린다. 그림 외의 블록이 떨어지는 것은 상관없다. 펭귄을 떨어뜨리는 사람이 패배하고, 그 직전에 플레이했던 사람이 승리한다.

2. 과학 원리 파악하기

1. 젠가

가. 블록을 뺄 때

1) 블록 중 잘 안 빠지는 블록을 하나 골라서 그 블록을 한 손가락으로 지그시 밀어 보자. 어떻게 빠지는가?

2) 블록 중 잘 안 빠지는 블록을 하나 골라서 이번엔 한 손가락으로 잽을 날리듯이 가볍게 톡톡 쳐 보자. 어떻게 빠지는가?

3) 위에서 파악할 수 있는 과학 원리는 무엇인가?

나. 블록을 쌓을 때

1) 블록 탑이 한쪽으로 기울었을 때 블록을 쌓아야 한다면 어떻게 쌓겠는가? 그리고 그 이유는 무엇인가?

2) 위에서 파악할 수 있는 과학 원리는 무엇인가?

2. 펭귄트랩

가. 아래와 같은 상황에서 펭귄이 서 있는 블록이 받는 힘의 종류와 방향을 사진에 2가지 이상 그려 보시오.

나. 펭귄트랩에서 육각형의 블록은 최소 2개의 면에 맞닿아 있어야 떨어지지 않고 버틸 수 있다. 맞닿아 있는 면의 개수에 따라 어떤 방향으로 맞닿아 있어야 떨어지지 않는지 그려 보자(그린 블록은 다른 블록들에 의해 떨어지지 않고 지탱된다고 가정한다).

<2면>   <3면>   <4면>

3. 리그 수행

리그전을 수행한 후 우리조의 승점을 계산해 보자.

1. 젠가 :   / 펭귄트랩 :

2. 총합 :

흥미와 호기심을 갖고 과학 탐구에 참여하고, 분야 간 협동 연구 등을 통해 협력적 탐구 활동을 수행하며, 도출한 결과를 증거에 근거하여 해석하고 평가할 수 있다.

스마트 폰 MBL을 활용한 페트병 램프의 효율 측정하기

이 자 랑 선생님 (인천남고등학교)

적정 기술을 적용한 장치 고안하기

제가 교직에서 아이들과 했던 첫 전람회의 주제는 '우리 지역의 동암(銅岩)은 진짜 구리 바위로 이루어졌을까?'라는 것이었습니다. 처음이라는 것은 늘 사람들에게 인상 깊게 남는 법입니다. 그리고 무엇보다 의욕적으로 만드는 순간이기도 하죠.

처음 연구 지역을 선정하기 전에 우리가 구리라는 지하자원이 과연 우리 지역에 진짜 존재하는가에 대한 탐사 방법으로 가장 먼저 선정한 것이 바로 중력 탐사입니다. 연구에 기술도 노하우도 없던 터라 고등학교 1학년 과학 교과서에 나온 "광물 탐사 방법에 관한 내용"에 따라 그곳에 나온 중력 탐사 방법을 보고 중력을 통해 광물을 탐사할 수 있는 방법을 구체적으로 조사하기 시작했습니다. 하지만 기기를 보유하고 있는 곳이 국립공주대학교 지질환경과학과, 장보고과학기지, 한국 측량학회 등 몇 곳 되지 않고 기기가 5,000만 원~1억 원을 호가하는 고가의 기계라 직접 사용해 보기 어려운 관계로 이를 사용하여 측정하는 것은 좌절을 맞아야 했습니다.

하지만 이대로 끝낼 수는 없는 법! 다양한 방법을 찾던 도중 핸드폰에 중력계가 있다는 사실을 알게 되었죠. 최소 5,000만 원은 해야 살 수 있다던 고가의 장비가 매일 들고 다니던 스마트폰 속에 고이 숨어 있었다니…. 놀라울 따름이었죠.

스마트폰 중력계

하지만 가격이 50분의 1밖에 안 되는 데는 이유가 있는 법! 측정을 하고 보니, 아래의 표와 같이 국토지리정보원에서 제공하는 측정값은 소수점 셋째자리까지인 반면, 스마트폰 센서의 경우 10의 자리까지 즉, 정확도가 0.001밖에 되지 않아 사용이 힘들었습니다.

측정값 비교

	국토지리정보원 (수준점 정보)	핸드폰어플리케이션 (Sensor Kinetics)	정확도
경도	126°42′0.5″	126°42′24.5″	-
위도	37°27″52.3″	37°27″12.5″	-
경도	13.8 m	13 m	-
경도	979958.104 mgal	979950 mgal	±8.104 mgal (0.001%)

아쉬웠지만 연구는 다른 방법을 찾으며 결론을 짓게 되었습니다. 하지만 이 연구를 통해 스마트 폰 속에 엄청나게 많은 센서들이 숨어 있음을 알게 되었죠. 특히 몇 가지 MBL 개발 업체들에서는 스마트 폰에 있는 센서를 가지고 MBL 측정 후 데이터를 처리할 수 있도록 애플리케이션을 제공하고 있다는 것은 정말 큰 도움이었습니다. 인터페이스와 센서를 포함하면 80만 원이 넘는 장비를 학생들에게 하나씩 무료로 나누어 줄 수 있는 격이 되었으니 말이죠.

[Science cube]의 'Science #'

[Pasco]의 'Spakue'

수업 개요 --

[학교급] 고등학교 　　　　[학년/학년군] 1

[교 과] 과학탐구실험 　　　[대단원] Ⅲ. 첨단 과학 기술

성취 기준 **10과탐02-04**

흥미와 호기심을 갖고 과학 탐구에 참여하고, 분야 간 협동 연구 등을 통해 협력적 탐구 활동을 수행하며, 도출한 결과를 증거에 근거하여 해석하고 평가할 수 있다.

평가 유형 토의 토론, 실험 평가

핵심 역량 지식정보처리, 의사소통, 공동체

평가 내용 페트병 램프의 효율을 개선할 수 있는 방안을 논의해 보고, 스마트 폰 MBL을 활용한 실험으로 이를 검증해 본다.

수업 및 평가 절차

학습 단계	교수 학습 활동	비고 (평가 계획 등)
1차시	적정 기술의 이해	이론 수업
2차시	페트병 램프의 효율을 높이는 방안 토론 및 실험	조별 토의
3차시	포스터 발표 및 평가	발표 수업
생활기록부 교과세부능력특기사항에 기록		

STEP 1 ··· 동영상을 통한 적정 기술의 이해

유투브(You tube)에서
'A litter of light'라는
키워드를 검색해서
동영상을 보시면 됩니다.

STEP 2 ··· 페트병 전구의 조도 변화 실험 진행

조도를 측정하는 실험이므로
교실을 암실로 만들어 실험을
진행하고, 서로의 전등이 영향을
주지 않도록 조심해야 해요.

STEP 3 ··· 실제 실험 및 탐구

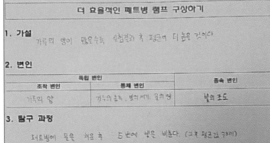

더 효율적인 페트병 램프 구상하기

1. 가설

가루의 양이 많을수록 실험결과 측정값이 더 높을 것이다

2. 변인

독립 변인		종속 변인
조작 변인	통제 변인	
가루의 양	가루의 종류, 병의 세기, 물의 양	빛의 조도

3. 탐구 과정

페트병에 물을 채운 후 5번에 빛을 비춘다. (그 후 평균값 구하기)

물을 넣었던 페트병에 설탕가루 0.5g을 넣은 후 다시 5번 빛을 비춘다.

설탕가루 0.5g을 넣었던 페트병에 0.5g을 더 넣어 (그 후 평균값 구하기)

1g을 만든 후 또 다시 5번 빛을 비춘다.

(그 후 평균값 구하기)

4. 실험 결과

(단위 : lux)	1	2	3	4	5
물	64	67	68	71	70
물 + 가루(0.5g)	187	171	173	116	159
물 + 가루(1g)	319	209	240	233	221

5. 실험 결론

물에 가루를 넣을수록 더 밝게 빛난다.

> MBL 센서를 사용하므로
> 측정 단위를 꼭 기재하도록 하고,
> 결론은 수치를 그대로 쓰는 것이 아니라
> 실험 결과에 대한 종합적인 의견이
> 되어야 함을 알려 주세요.

스마트폰 MBL 활용하기

스마트폰의 내장된 다양한 센서들을 이용하여 실험하기 위해서는 센서를 활용할 수 있는 애플리케이션을 다운받아 이용하는 것이 좋다. 최신 애플리케이션은 빠르게 개발되어 보급되고 있으므로 과제 연구 수행에 필요한 센서가 정해지면, 이와 관련된 용어를 검색하여 애플리케이션을 다운받는 것이 좋다. 사례로 스마트폰 센서를 이용하여 실험을 진행하는 애플리케이션이 있는데 다음과 같다.

애플리케이션	Science #	SPARKvue
내장 센서	조도 센서 - 빛의 세기 변화 측정	마이크 센서 - 소리의 크기 변화 측정
	x-y-z 가속도 센서	x-y-z 가속도 센서
장점	센서별 측정값을 그래프로 변환시켜 결과 분석 및 포스터 작성에 용이함. SPARKvue의 자동 그래프 변환	
단점	측정값의 신뢰도가 부족함. 측정값의 변화를 보기에 적합함.	

자기장 측정

심박수 측정

　자기장 센서를 이용하여 자기장 변화를 측정하는 금속탐지기 애플리케이션, 카메라를 이용하는 심박수 측정 애플리케이션을 실험에 활용할 수 있다. 단, 절대적 측정 수치라기보다는 수치 변화에 초점을 두고 활용하는 것이 좋다.

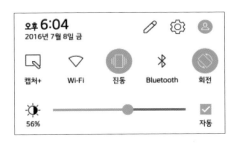

　　　　　　　　　　　　RGB 센서는 광원의 RED, BLUE, GREEN의 밝기를 측정하는 센서로, 주로 화면 밝기를 자동으로 조절해 주어 눈의 피로감을 줄여 주는 역할을 한다.

　고도차에 의한 기압을 파악해 주는 역할을 하는 기압센서를 이용하면 높낮이를 인식하여 칼로리 소모량을 좀 더 정확하게 측정할 수 있게 만들어 준다.

　온도, 습도센서는 주로 하단에 위치하고 있으며, 충전단자 옆에 작은 구멍으로 스마트폰 주변의 온도와 습도를 파악해 주는 역할을 한다.

손동작으로 화면이나 명령을 내릴 수 있는 센서로, 손바닥에서 나오는 적외선을 감지해 전화를 받거나 인터넷을 할 때 다음 페이지를 넘길 때 사용할 수 있는 기능을 한다.

가속도 센서는 주로 헬스 관련 애플리케이션인 만보계나 내비게이션 애플리케이션에 사용되는 센서로, 기압 센서와 가속도 센서를 함께 활용하면 계단을 오르내리거나 산을 올랐을 때 정확한 칼로리 소모가 가능하다.

4 학습지

과학 탐구 실험 활동지

더 효율적인 페트병 램프 구상하기

( )고등학교 1학년( )반( )조	조원	( )번 ( )
		( )번 ( )
		( )번 ( )

성취기준	[10과탐02-04] 흥미와 호기심을 갖고 과학 탐구에 참여하고, 분야 간 협동 연구 등을 통해 협력적 탐구 활동을 수행하며, 도출한 결과를 증거에 근거하여 해석하고 평가할 수 있다.

1. 가설

2. 변인

독립 변인		종속 변인
조작 변인	통제 변인	

3. 탐구 과정

4. 실험 결과

(단위 :)	1	2	3	4	5	평균

5. 실험 결론

아래와 같이 포스터 형태의 결과보고서로 제출할 수도 있다.

과학 탐구 실험

병 안에 내용물에 따른 빛의 세기 변화

병 안에 내용물에 따른 빛의 세기 변화를 실험하여 페트병 램프를 개선하고자 함.

발표자 : 박OO, 양OO , 조OO , 오OO

연 구 내 용

I . 연구 동기 및 목적

1. 연구동기

현재 대낮에도 전기를 끌어오거나 설령 전기가 있다 해도 백열 전구 조차 살 수 없는 가난한 개도국 빈민층들에게 해가 떠있는 동안 55W의 전등을 켠 효과를 낼 수 있도록 고안된 적정기술 사례인 'Liter of Light'를 어떻게 하면 더 효율적으로 사용할 수 있을지 알아보기 위해 연구하게 되었다.

2. 연구목적

전기가 없거나 거의 공급되지 않는 지역에 태양에너지를 통해 빛을 낼 수 있는 리터 오브 라이트를 더 효율적으로 사용할 수 있는 방법에 대해 연구했다.

II. 작품 설명

나무의자를 책상위에 올려놓고 검정색 하드보드지로 윗면을 막은 후 관찰할 수 있도록 한 면만 막지 않고 병 안에 내용물을 넣어 랜턴 빛을 제외한 모든 빛을 가능한 차단시킨 후 스마트폰 조도센서로 최대한 같은 위치에 놓고 측정한다. 각각 측정후 가장 효율성이 좋았을 때의 병 안의 내용물을 선택한다. (스마트폰 조도센서를 손으로 들고 측정하였으니 결과 값에 오류가 존재할 수 있습니다)

III. 연구 과정

1. 준비물

: 스마트폰조도센서, 나무의자, 책상, 병 2개, 표백제 설탕, 소금, 랜턴, 하드보드지

2. 준비과정

① 나무의자를 책상위에 올려 놓은 후 윗부분을 병이 들어갈 구멍을 뚫은 하드보드지로 막고 랜턴에서 나오는 빛을 제외한 모든 빛을 차단한다.

② 병2개에 각각 물 150g 표백제 1g을 넣고 1개의 병에는 설탕 다른 1개의 병에는 소금을 넣는다.
③ 스마트폰의 조도센서를 이용해 설탕을 소금을 각각 1g, 2g씩 넣었을 때 빛의 세기를 측정한다.

IV. 연구 결과

1. 연구 결과

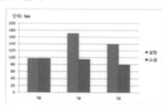

2. 결과 분석

일반적으로 비교해 봤을 때 소금을 추가한 병과 설탕을 추가한 병중에 설탕을 추가한 병이 빛의 세기가 더 강했다. 소금은 추가하는 양을 늘릴수록 빛의 세기가 약해졌고 설탕은 1g만 넣었을 때 빛의 세기가 강해졌다가 2g을 넣었을 때 빛의 세기가 약해진 것으로 보아 어느 한계점 이상이 넘어가게 되면 빛의 세기가 약해진 것으로 추정한다.

V. 결론 및 전망

1. 결론

설탕을 추가한 병의 빛의 세기가 소금을 추가한 병의 빛의 세기보다 반 가까이 높게 측정되었다.

2. 전망

병 안의 내용물을 빛의 굴절도 잘 일어나고 투과율도 높은 물질을 추가하여 더 강한 전구에 대해 계속 연구해 보고 싶다.

본 수업에서는 학생들이 적정 기술이라는 용어의 이해와 더불어 조작 변인과 통제 변인을 정확히 설정하고 이를 스마트 폰 조도 센서를 활용하여 정확하게 측정하고 이를 포스터로 표현하도록 해야 합니다. 따라서 학생들이 다양한 활동을 익히고 이를 순차적으로 할 수 있도록 평가의 항목도 명확히 해야 할 필요성이 있겠지요? 학생들이 수행해야 할 활동들이 많다고 해서 그것들을 모두 평가 지표에 넣으려고 하다가는 한 가지도 평가하지 못할 때가 많습니다. 따라서 이번 차시에 평가하고자 하는 것이 무엇인지를 명확히 하여 학생들의 혼란을 덜어 주어야 할 것입니다.

수행평가 세부 척도안

항목	상세 채점 기준	점수
변인 설정 및 결과 표현 (5점)	변인을 제대로 설정하고 결과를 효과적으로 표현함.	5
	변인을 제대로 설정하지 못했으나 결과를 효과적으로 나타냄.	4
	변인을 제대로 설정하였으나 결과를 제대로 표현하지 못함.	3
	미제출	2

학교생활 기록부 기재 예시

적정기술의 의미를 정확하게 이해하고 페트병 전구의 효율을 높일 수 있는 방법을 논의하고 이를 검증하기 위해 스마트 폰 조도 센서를 활용하여 실험을 진행함. 실험 결과를 통해 도출한 결론을 활용하여 포스터를 작성하고 발표함.

탐구 활동 과정에서 지켜야 할 생명 존중, 연구 진실성, 지식 재산권 존중 등과 같은
연구 윤리와 함께 안전 사항을 준수할 수 있다.

멸치 해부하기

윤 자 영 선생님 (인천공항고등학교)

몇 년 전 과학 대제전에서 멸치 해부하는 것을 본 적이 있습니다. 멸치는 국을 끓일 때, 육수 내는 데 쓰곤 했지만 너무 작아서 해부가 가능할지 의문이 들었습니다. 마침 인천 지역에 멸치 해부를 중점적으로 연구한 선생님이 계셔서 멸치 해부 연수를 듣게 되었습니다. 선생님께서

는 멸치만 수년 연구하셨고, 2015 개정교육과정 생명과학 I 생태계 부분에 멸치 해부 실험을 넣은 대단한 분이십니다.

일단 결론부터 이야기하자면 멸치 해부는 실험 준비가 간단하지만 학생들의 호응이 좋았다는 겁니다. 물론 평가도 적절했습니다. 자, 그럼 선생님들께 멸치 해부에 대한 상세한 과정과 준비, 평가까지 상세한 방법을 소개할 테니 즐거운 해부 실험을 하시기 바랍니다.

| 학교급 | 고등학교 | 학년/학년군 | 1 |

| 교 과 | 과학탐구실험 | 대단원 | II.생활 속의 과학 탐구 |

성취 기준   **10과탐02-05**

탐구 활동 과정에서 지켜야 할 생명 존중, 연구 진실성, 지식 재산권 존중 등과 같은 연구 윤리와 함께 안전 사항을 준수할 수 있다.

평가 유형   실험 평가

핵심 역량   공동체 역량, 자기관리, 지식정보처리

평가 내용   멸치 해부로 어류의 기관을 정확히 분리하고, 생태계에서 멸치의 위치를 생각할 수 있다.

수업 및 평가 절차

학습 단계	교수 학습 활동	비고 (평가 계획 등)
1단계 (1차시)	멸치의 생태계적 위치 생각하기	이론 수업
2단계 (1차시)	멸치 해부 영상을 보며 기관 익히기	관찰
3단계 (1차시)	모둠별 멸치 해부 실시 (기관을 확실히 익히기 위하여 반복 실험 및 토론) 실체 현미경으로 기관 관찰	모둠 실험 평가
4단계 (2차시)	멸치 기관 분리하기	개인 평가

생활기록부 교과세부능력특기사항에 기록

멸치 해부 상세 과정

❶ 실험 준비물 준비한다. (멸치, 핀셋, 페트리디쉬, 라텍스 장갑, 멸치해부도, 휴지)

❷ 멸치 해부 영상을 본 후 수업 짝꿍과 함께 해부하여 기관을 분리한다. 기관을 확실히 알 수 있을 때까지 연습한다.

❸ 분리된 기관을 실체 현미경으로 관찰한다.

❹ 지난 시간에 분리한 멸치 기관을 기억하면서 멸치 해부도에 기관을 분리한다(개인 평가).

수업 고수의 팁

가. 과학자가 된 것 같은 실험준비물

먼저 핀셋을 말씀드리겠습니다. 인터넷 쇼핑몰에서 핀셋을 입력하면 다양한 핀셋이 나옵니다. 가격이 700원부터 시작하는데요. 가격이 저렴하면서 품질이 좋을 것이 있으면 좋겠지만, 거의 비례하신다고 보면 될 것 같습니다. 조금 돈을 주더라도 고급 의료용으로 준비해 두시면 두고두고 쓸 수 있습니다. 또한, 라텍스(니트릴) 장갑을 대량으로 구매하면 1명당 100원 정도에 가능하더라고요. 학생들은 수술용 장갑을 끼면 자신이 고급 실험을 한다는 마음이 들겠죠?

나. 멸치 준비와 생태계

멸치는 시중에서 파는 대형 국물용 멸치를 구입하면 됩니다. 멸치는 삶아서 말리는데, 먹이를 먹고 오래 방치된 멸치는 위액에 의해 먹이가 소화됩니다. 그것을 알 수 없으므로 다양한 종류의 멸치를 구입하여 위 속의 물질을 비교하는 것도 좋을 것 같습니다. 위속의 물질을 광학현미경으로 관찰하면 다양한 생물을 관찰할 수 있습니다.

다. 멸치 기관 구분하기

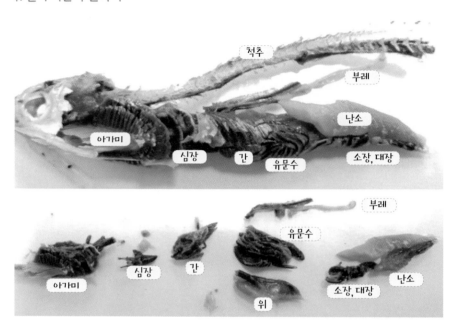

흔히 멸치 똥이라고 말하는 부분이 내장기관입니다. 처음 얼핏 보기에는 그냥 검정색 덩어리로 보이지만 하나둘 분해해 보면 많은 기관으로 분리되는 것을 알 수 있습니다. 이는 사진만으로는 알 수 없습니다. 교사 스스로 수십 마리의 멸치를 해부해 봐야 합니다. 멸치 해부의 평가가 학생들이 기관을 잘 분리하는지 보는 것이기 때문에 교사가 모르면 평가가 이루어질 수 없습니다. 제가 멸치 해부하는 동영상을 보시면서 반복해 보며 노력하시기 바랍니다.

라. 실체 현미경으로 멸치 기관 관찰하기

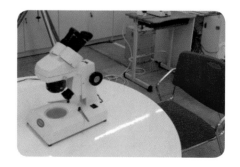

저희 학교는 실체현미경이 부족하여 두 대를 준비하고 관찰을 원하는 학생에 한하여 관찰의 기회를 주었는데요. 가능하면 모둠별로 한 대씩 준비하여 기관을 상세히 관찰하도록 하면 더욱 진지하고 깊은 실험이 될 것입니다.

학습 결과물 --

　멸치 해부도를 2가지 준비해야 합니다. 먼저 A4용지에 인쇄하여 코팅한 멸치 해부도는 1차시에 학생들이 연습할 수 있는 용도입니다. 이때 짝꿍 친구와 기관을 토론하면서 수 마리 해부하며 기관을 정확히 익히는 겁니다. 평가에는 A4 용지에 멸치해부도 두 개가 들어가도록 인쇄하여 반을 잘라서 사용합니다. 학생 개인 평가이므로 기관을 올려 검사하면 되겠습니다. 평가 기준은 다음에서 확인하세요.

학습지 또는 학생 작품 예시

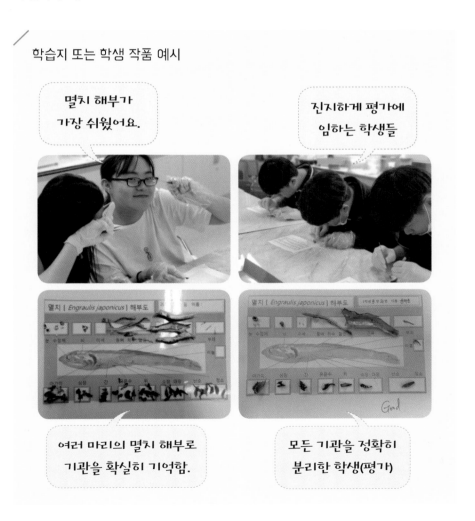

멸치 해부가 가장 쉬웠어요.

진지하게 평가에 임하는 학생들

여러 마리의 멸치 해부로 기관을 확실히 기억함.

모든 기관을 정확히 분리한 학생(평가)

멸치 해부 평가에는 교사의 전문성이 요구됩니다. 교사 스스로 멸치의 기관 이름을 정확히 알아야 학생들을 평가할 수 있기 때문입니다. 그래서 수업 전에 교사가 멸치 수십 마리를 해부하여 기관을 익혀야 합니다. 학생들이 매우 재미있어 하는 수업이니 적극 추천하는 바입니다.

수행평가 세부 척도안		
항 목	상세 채점 기준	점수
멸치 해부하기 (10점)	몸통, 수정체, 뇌, 이석, 아가미, 간, 위, 장 등 10개 이상 분리	10
	위 기관 9개	9
	위 기관 8개	8
	위 기관 7개	7
	위 기관 6개	6
	위 기관 5개 이하	5
미제출		4

학교생활 기록부 기재 예시

멸치를 해부하여 뇌, 수정체, 간, 위, 심장, 유문수, 장, 부레 등 정확히 구별하고 분리함. 특히, 찾기 힘든 이석을 끈기 있게 찾아내는 모습을 보임. 멸치 해부 실험 과정을 통해 생태계에서 멸치가 차지하는 위치를 이해하고 생명 존중 마음을 이해함.

멸치 해부하기

QR코드를 스캔하면 멸치 해부하기 수업 과정의 블로그를 볼 수 있습니다.
블로그의 멸치 해부 동영상을 보시고 멸치 해부 방법에 대해 확실히 익히시고,
수업에 임하시면 즐거운 수업을 할 수 있으실 겁니다.

과 학 탐 구 실 험	10과탐02-05	멸치 해부

인천공항고등학교 1학년 ( )반 ( )번	이름	

성취기준	[10과탐02-05] 탐구 활동 과정에서 지켜야 할 생명 존중, 연구 진실성, 지식 재산권 존중 등과 같은 연구 윤리와 함께 안전 사항을 준수할 수 있다.

탐구활동	멸치 각 기관의 구조와 기능

◈ 다음 멸치 기관 사진의 기능을 서술하시오.

	■ 이름 : ■ 기능 :		■ 이름 : ■ 기능 :
	■ 이름 : ■ 기능 :		■ 이름 : ■ 기능 :
	■ 이름 : ■ 기능 :		■ 이름 : ■ 기능 :
	■ 이름 : ■ 기능 :		■ 이름 : ■ 기능 :

과학 관련 현상 및 사회적 이슈에서 과학 탐구 문제를 발견할 수 있다.

식품 첨가물의 섭취량을 줄일 수 있는 방법 찾기

이 승 언 선생님 (인천남고등학교)

식품 첨가물 바로 알기

과학탐구실험 교과서의 내용을 훑어보면서 대단원 중에서 제가 생각하는 가장 흥미로운 부분은 'Ⅱ. 생활 속의 과학탐구'였는데요. 그중에서도 학생들의 흥미와 호기심을 사로잡을 만한 부분이 아마도 음식을 활용한 과학 수업이 않을까 싶어서 식품 관련 주제를 연구해 보기로 하였습니다. 더불어 '사회과학적인 이슈와 관련지어 과학적으로 사회적인 문제를 판단할 수 있도록 과학적 소양을 함양시킬 수 있는 활동이면 금상첨화이겠구나!' 싶었습니다.

WHO "소세지·햄 등 가공육은 담배와 같은 발암물질"

세계보건기구(WHO)에서도 아질산나트륨이 암을 유발할 수 있다는 보도가 나오면서 식품첨가물의 유해성을 알아보고 섭취량을 줄일 수 있는 방법을 찾아보는 활동을 진행하였습니다.

수업 차시 구성은 다음과 같이 운영하려고 계획하였습니다.

교과서에 제시된 기존 틀에서 많이 벗어나지 않도록 구성하였고, 최대한 기존 자료를 활용하여 수업할 수 있도록 하였습니다. 자료조사 및 수집활동은 태블릿 PC를 활용하여 식품 첨가물의 유해성을 조사하려고 계획하였고, 탐구활동은 간단해 보이는 실험활동이 있어 탐구를 진행해 보고 활동을 통해 학생 스스로 자료를 생산해 보는 것도 좋을 것 같아 계획하였습니다. 이러한 활동으로 얻은 생각이나 과학적 지식을 표현해 내기 위해 어떻게 하면 좋을지 고민하며 검색해 보다가 많은 사람들에게 쉬운 형태로 다양한 정보를 줄 수 있는 유용한 방법인 인포그래픽을 만들어 보면 어떨까 싶어 산출물 제작활동에 포함하였습니다.

인포그래픽 예시

🚩 **수업자의 생각**

식품첨가물 수업은 교과서의 차시 구성과 각 차시별로 수업 자료가 매우 모범적으로 구성되어 있어(?) 기존 틀을 그대로 활용하면 수업의 흐름이 매끄럽습니다. 기존 틀을 지키면서 다양한 활동을 추가·삭제한다면 좀 더 선생님들의 스타일에 맞는 수업을 하실 수 있을 것 같습니다.

1 수업 개요 --

| 학교급 | 고등학교 | 학년/학년군 | 1 |

| 교 과 | 과학탐구실험 | 대단원 | Ⅱ.생활 속의 과학 탐구 |

성취 기준 **10과탐02-06**

　　　　　　과학 관련 현상 및 사회적 이슈에서 과학 탐구 문제를 발견할 수 있다.

평가 유형 관찰 평가, 산출물 평가

핵심 역량 지식정보처리, 의사소통, 자기관리

평가 내용 식품 첨가물의 유해성에 대해 조사 및 실험하고 이를 표현할 수 있다.

수업 및 평가 절차

학습 단계	교수 학습 활동	비고 (평가 계획 등)
1차시	식품 첨가물의 유해성 조사	자료 수집 활동
2차시	식품 첨가물의 섭취량을 줄이는 방법 찾기	실험 활동
3차시	식품 첨가물의 유해성을 알리는 인포그래픽 제작하기	산출물 제작 활동
4차시	인포그래픽 발표하기	개별 및 모둠평가

생활기록부 교과세부능력특기사항에 기록

수업 디자인 ----------------------------------

STEP 1 ⸱⸱⸱ **식품 첨가물의 유해성 조사하기**

　디딤 영상을 통해 가공식품 속 식품 첨가물의 유해성에 대해 알아보고 태블릿 PC를 이용하여 주어진 활동지에 식품 첨가물 1가지를 선택하여 유해성을 조사할 수 있도록 한다.

① 디딤 영상 시청하기 (QR 코드 스캔!)

YTN 사이언스 (https://science.ytn.co.kr)에서
'햄은 1급 발암물질'이라고 검색하면 영상이 나옵니다!

② 식품 첨가물의 유해성 조사하기

교육환경과 학습 상황에 따라서 개별 및 협동학습으로 진행하여도 좋습니다.

식품안전정보포털(http://www.foodsafetykorea.go.kr)에서 식품 첨가물과 관련된 자료를 찾을 수 있습니다.

STEP 2 ··· **가공육에 들어 있는 식품 첨가물 섭취량을 줄일 수 있는 방법 찾기**

가공육 속에 들어 있는 식품 첨가물의 일종인 아질산나트륨의 섭취량을 줄일 수 있는 방법을 알아보기 위해 다양한 조건에서 실험을 진행한다.

(실험방법과 실험 시 유의사항은 **3 수업 고수의 팁** 성공적인 실험을 위한 step by step 에서 자세히 알아보도록 한다.)

아질산나트륨의 섭취량을 줄일 수 있는 방법 알아보기

실험에서 가장 중요한 안전에 대해서 꼭 학생들에게 주의시키는 것도 잊지 않아야겠죠? 저의 경우에는 실험 전 항상 안전교육 동영상을 시청하고 구두로도 안전을 꼭 강조하고 있습니다.

– 실험실 안전교육 동영상 : Youtube '실험실 안전을 부탁해'로 검색하시면 됩니다.

영상을 집중해서 시청하는 예쁜 아이들의 모습

이 실험을 해 보기 전에는 실험재료 및 과정이 간단하다고 생각하였지만 생각보다 까다롭고 어려운 실험이었습니다. 온도 및 가공육의 질량 등 정확하게 조작 및 통제해야 하는 변인들이 많이 있었습니다. 저의 경우에는 이러한 변인들을 찾아내기 위해 무려 8번 정도의 예비실험을 수행해야 했습니다. 그래도 학생들이 실험에 성공하는 모습을 통해 학생들이 느끼는 바가 많아서 의미 있는 시간이 되었습니다. 말 그대로 생활 속의 과학탐구였던 것 같습니다.

식품 첨가물의 유해성 조사 자료와 실험 활동지를 바탕으로 식품 첨가물의 유해성을 알리는 인포그래픽을 제작한다.

학생들을 데리고 더 높은 수준의 인포그래픽을 제작하고 싶다면 또는 교사의 시범 인포그래픽을 보여 주고 싶다면 '망고보드'를 활용하여 인포그래픽을 제작할 수 있다.

망고보드를 활용한 인포그래픽 제작 예시

망고보드란?
다양한 이미지를 활용하여 배너나 인포그래픽을 제작할 수 있는 사이트
(http://www.mangoboard.net/)

STEP 4 ··· 인포그래픽 발표 및 전시

제작된 인포그래픽을 발표하고 전시를 통해 학생들이 산출물을 공유할 수 있도록 한다.

수업 고수의 팁 -

성공적인 실험을 위한 step by step

1. 실험 재료 준비

가공육 김밥햄	가공육의 종류는 통조림 햄의 경우 생각보다 아질산나트륨이 많이 들어 있지 않습니다. 아질산나트륨이 발색제이기 때문에 붉은색 계열의 햄을 사용하면 좋습니다. 가공육의 정량을 맞추기 위해 김밥용 햄을 사용하면 눈금이 있어 보다 편리하게 분배할 수 있습니다(많은 예비실험의 결과 김밥용 햄 4칸 정도가 실험에 괜찮은 것 같습니다).
아질산염 검출시약 ①, ② Tetra Test NO₂	아질산염 검출시약은 키트(kit) 형태로 판매하고 있는데 농도측정카드도 함께 포함되어 있습니다. 저는 과학사를 통해서 구입하였는데요. 인터넷에서 주문하실 경우 'Tetra NO2'라고 검색하시면 됩니다. 생각보다 학생들이 시약을 많이 사용해서 넉넉히 사두시면 좋을 것 같아요(23명 1반 기준 9개 반 실험을 위해 10개 정도 구매하였습니다).
비커	비커는 뜨거운 물과 찬 물을 담을 비커 250㎖ 2개 실험 과정 Ⅰ~Ⅳ까지 가공육을 우려낼 비커 100㎖ 4개 ⚠ 비커를 깨끗이 씻고 닦지 않으면 안쪽 표면에 묻은 물질의 영향이 클 수 있어요!
바이알병	바이알병은 투명색 10㎖로 모둠별 4개씩 필요합니다(한 번에 실험을 성공하지 못할 수도 있으니 넉넉히 사 두시면 좋을 것 같아요).
온도계	온도계의 종류는 상관없으나 정확하고 빠른 측정을 위해 디지털 온도계를 추천합니다!
가열 기구	가열 기구는 안전상에 유의하면 1모둠 1기기로 나눠 주면 좋습니다(핫플레이트 추천). 저는 남고생 대상이라 걱정이 많아서 뜨거운 물을 끓여서 직접 나누어 주었습니다(포트로 나누어 줄 경우 뜨거운 물이 빨리 식으므로 뜨거운 물부터 실험할 수 있게 지도해 주세요).
칼	
핀셋	원활한 실험 및 안전을 위해 꼭 준비해 주세요.
실험용 고무장갑, 내열장갑, 보안경	

2. 실험 과정

❶ 가공육을 크기가 같게(김밥용 햄 4칸) 4조각으로 자른다.

> 옆 사진의 햄은 1 모둠당 나눠 주는 양입니다.
> 학생들이 정사각형 햄을 4등분하겠죠?
> 자꾸 햄이 사라지는 경우가 발생하기 때문에
> 학생들이 햄을 집어 먹지 못하도록 해야 합니다.

❷ 다음과 같은 조건으로 실험 Ⅰ~Ⅳ를 각각 수행한다. 물의 양은 가공육이 잠길 정도로 같게 맞춘다.

실험	조건
Ⅰ	상온의 물을 비커에 50㎖ 넣고 가공육을 5분 동안 담가 둔다.
Ⅱ	60℃ 물을 비커에 50㎖ 넣고 가공육을 5분 동안 담가 둔다.
Ⅲ	끓는 물을 비커에 50㎖ 넣고 가공육을 3분 동안 담가 둔다.
Ⅳ	끓는 물을 비커에 50㎖ 넣고 가공육을 5분 동안 담가 둔다.

* 많은 예비실험을 통해 가장 적절한 결과가 나올 수 있도록 비커의 물의 양과 우려내는 시간을 기존의 실험과 다르게 조정해 보았습니다.

❸ 바이알병 4개에 가공육을 우려낸 물을 바이알병의 1/3씩 넣는다.

⚠ 가공육을 우려낸 물을 상온에서 충분히 식힌 후 실험한다.

❹ ❸의 바이알병에 아질산염 검출 시약 ①을 7방울씩 떨어뜨려 잘 흔들고, 10초 후 아질산염 검출 시약 ②를 7방울씩 떨어뜨려 잘 흔든다.

❺ 용액의 색이 변하면 용액의 색과 측정 카드를 비교하여 가공육을 우려낸 물에 들어 있는 아질산 이온(NO_2^-)의 농도를 구한다.

잠깐만요~! 꼭 읽어주세요~!

1. 비커와 바이알병에 라벨링하여 매칭하기

학생들이 가장 많이 하는 실수가 바이알병과 비커의 모양이 다 똑같아서 어떤 조건에서 우려낸 물인지 나중에 많이 헷갈려 한다는 것이었습니다. 그래서 비커와 바이알병에 조작 변인별로 색깔 스티커를 붙여 간단하게 라벨링을 하였습니다.

상온 : 초록　　　중온 : 노랑　　　고온 3분 : 파랑　　　고온 5분 : 빨강

2. 학생들에게 정확한 시계 제공하기

정확한 시계를 제공하기 위해 '네이버 시계'를 화면에 띄우고 실험을 진행하였습니다.

3. 실험에서 역할 분담하기

학생들이 중구난방으로 실험을 진행하다 보면 실험을 정확하게 통제하지 못하게 되어 대부분 실험에 실패하게 됩니다. 모둠원들이 각각 바이알병을 담당하게 하여 실험을 한다면 정확하게 측정할 수 있습니다.

3. 실험 결과

- 수없이 실패한 예비실험 결과

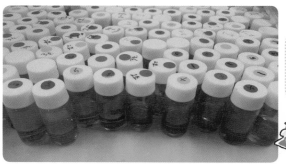

조작변인과 통제변인이 정확하지 않으면 이러한 힘든 과정을 겪게 됩니다.

- 성공한 실험 결과

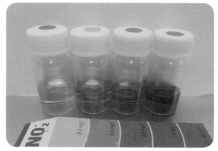

교사 실험 결과

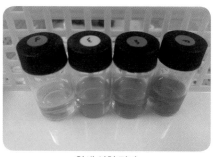

학생 실험 결과

 수업자의 생각

이 실험에서는 정확한 통제변인과 정확한 조작변인이 실험 성공의 유무를 결정하게 됩니다. 정말 시약 1~2방울 정도 더 떨어뜨리는 정도나 30초 정도 지나도 결과가 달라지는 등 간발의 차이로 실험에 실패하더라고요. 따라서 학생들이 조작변인과 통제변인이 실험에서 얼마만큼 중요한지를 인식할 수 있는 좋은 활동이라고 생각됩니다.

실험 수업이 끝나고 바로 소시지와 햄을 먹으러 가는 학생들의 모습(?)에 당황스럽기도 하지만 어느 정도 학생들의 마음에 과학을 통해 실생활에서 느끼는 바가 조금은 있지 않을까 싶습니다.

과학탐구실험 모둠 활동지

( )고등학교 1학년( )반 ( )조	학번	이름	
주제	식품 첨가물 바로 알기		
활동목표	· 식품 첨가물의 유해성을 알고, 식품 첨가물의 섭취량을 줄이는 방법을 찾을 수 있다. · 과학 관련 현상 및 사회적 쟁점에서 과학 탐구 문제를 발견할 수 있다.		

Ⅰ. 모둠별로 다음의 여러 가지 식품 첨가물 중 한 가지를 정하여 식품 첨가물의 사용 효과, 유해성 등을 조사해 봅시다.

◎ 아질산 나트륨	◎ 글루탐산 나트륨	◎ 소르비톨
◎ 안식향산 나트륨	◎ 아황산 나트륨	◎ 타르 색소

[식품 첨가물]

[사용되는 식품]

[사용 효과]

[유해성]

[추가메모]

실 험 활 동 지

( )고등학교	학번	이름		
1학년 ( )반				
( )조				

실험 목표	· 식품 첨가물의 유해성을 알고, 식품 첨가물의 섭취량을 줄이는 방법을 찾을 수 있다. · 과학 관련 현상 및 사회적 쟁점에서 과학 탐구 문제를 발견할 수 있다.
주제	가공육을 먹을 때 아질산나트륨의 섭취량을 줄이는 방법 찾기

Ⅰ. 준비물

- 가공육(햄, 소시지 등), 아질산염 검출 시약 ❶, 아질산염 검출 시약 ❷, 아질산 이온의 농도 측정 카드, 비커, 바이알병, 마이크로피펫, 핀셋, 온도계, 가열 기구, 칼, 실험용 고무장갑, 보안경, 내열장갑

Ⅱ. 실험 방법

① 가공육을 크기가 같게(김밥용 햄 4칸) 4조각으로 자른다.

② 다음과 같은 조건으로 실험 Ⅰ~Ⅳ를 각각 수행한다. 물의 양은 가공육이 잠길 정도로 같게 맞춘다.

실험	조건
Ⅰ	상온의 물을 비커에 50㎖ 넣고 가공육을 5분 동안 담가 둔다.
Ⅱ	60℃ 물을 비커에 50㎖ 넣고 가공육을 5분 동안 담가 둔다.
Ⅲ	끓는 물을 비커에 50㎖ 넣고 가공육을 3분 동안 담가 둔다.
Ⅳ	끓는 물을 비커에 50㎖ 넣고 가공육을 5분 동안 담가 둔다.

③ 바이알병 4개에 가공육을 우려낸 물을 바이알병의 1/3씩 넣는다.

⚠ 주의 가공육을 우려낸 물을 상온에서 충분히 식힌 후 실험한다.

④ 과정 3의 바이알병에 아질산염 검출 시약 ❶을 7방울씩 떨어뜨려 잘 흔들고, 10초 후 아질산염 검출 시약 ❷를 7방울씩 떨어뜨려 잘 흔든다.

⑤ 용액의 색이 변하면 용액의 색과 측정 카드를 비교하여 가공육을 우려낸 물에 들어 있는 아질산 이온(NO_2^-)의 농도를 구한다.

실험	Ⅰ	Ⅱ	Ⅲ	Ⅳ
아질산 이온의 농도(mg/L)				

Ⅲ. 결과 분석

① 어떤 조건에서 아질산나트륨이 가장 많이 추출되었는가?

③ 가공육을 먹을 때 아질산나트륨의 섭취량을 줄이는 방법을 설명해 보자.

Ⅳ. 토의 활동

① 가공햄이 붉은 색을 띠는 이유는 무엇일까?

② 아질산염(NO_2^-) 검출 반응의 원리를 조사하여 봅시다.

5 평가 계획 --

평가 계획은 다음과 같습니다.

본 평가는 모둠 실험활동과 산출물 제작활동을 수행하였기 때문에 모둠평가와 개별 산출물 평가를 실시하였습니다. 모둠 평가는 실험 보고서로 평가하였고, 모둠원끼리 힘을 모아 실험결과를 적고 분석하여 문제를 해결할 수 있는(태블릿PC 검색활용) 적정한 난이도의 문제로 구성하였습니다. 개별 산출물 평가에서는 실험 결과 및 식품 첨가물의 유해성 조사내용을 바탕으로 인포그래픽 산출물에 대해서 평가하였습니다. 모둠 평가와 개별 평가를 모두 할 수 있기 때문에 다방면의 평가를 할 수 있었던 것 같습니다.

수행평가 세부 척도안		
항목	상세 채점 기준	점수
실험 보고서 (5점)	실험결과를 과학적 오류 없이 설명할 수 있으며, 결과 분석 및 토의활동의 답변이 타당하다.	5
	실험 보고서의 결과 분석 및 토의 활동에 대해 과학적으로 일부 오류가 있다.	4
	실험 보고서의 결과 분석 및 토의 활동에 대해 대부분 오류가 있다.	3
산출물 평가 (5점)	인포그래픽에 담긴 정보가 4가지 이상이며 예술성과 창의성이 우수하다.	5
	인포그래픽에 담긴 정보가 3가지이며 예술성이 있다.	4
	인포그래픽에 담긴 정보가 3가지 미만이며, 작품의 예술성이 미흡하다.	3
미제출		3

학교생활 기록부 기재 예시
가공육 속 아질산나트륨 검출 실험과 식품 첨가물 유해성 조사활동을 통해 식품 첨가물에 대해 바로 알고 섭취량을 줄일 수 있는 방안을 모색하였으며, 이를 주제로 예술성과 창의성이 뛰어난 인포그래픽을 제작하여 사람들이 그 위험성을 인식할 수 있도록 영향을 줄 수 있는 활동을 실시하였음.

143   식품 첨가물의 섭취량을 줄일 수 있는 방법 찾기

생활 속에서 발견한 문제 상황 해결을 위한 과학 탐구 활동 계획을 수립하고 탐구
활동을 수행할 수 있다.

실생활 속 산화 환원 반응을
설명하는 창의적 포스터 만들기

김 경 민 선생님 (인천남고등학교)

무엇을 설명하는 작품일까요?

범인(凡人)들은 이해할 수 없는 학생의 창의성

　　과학탐구실험 과목에는 실생활과 관련된 과학적 원리를 다루는 활동이 많이
있습니다. 이러한 활동들을 수업에 잘 적용한다면 과학을 어려워하는 학생들이

과학과 실생활과의 관련성을 이해하고 과학에 흥미를 가지게 하는 좋은 기회가 될 것입니다.

대표적인 내용이 바로 산화 환원 반응이지 않을까 싶습니다. 웬만한 화학 반응은 다 산화 환원 반응이기 때문에 다양한 사례들이 존재하며 실생활과 관련이 깊은 과학적 개념이기 때문입니다.

산화 환원 반응 수업을 통해 '많은 것들이 산화 환원 반응과 관련이 있구나!', '과학과 실생활이 관련이 깊구나. 이래서 과학을 배워야 하는구나!' 하고 학생들이 느낄 수 있는 수업을 하고 싶었습니다. 그러한 목적에서 시작한 수업입니다.

먼저 교과서에 나오는 대로 색이 변하는 용액 실험을 하여 학생들에게 산화 환원 반응에 대한 흥미와 과학적 개념을 학습시키고, 다음 차시에 산화 환원에 의한 다양한 사례를 조사하고 발표를 통해 서로 공유하는 시간을 가지고자 하였습니다. 이 과정에서 학생들의 창의성과 표현력을 향상시키고자 창의적 포스터를 만들어 발표하게 하였습니다.

수업은 항상 그렇듯 교사에게도 많은 가르침을 줍니다. 남자 아이들도 그리고 표현하는 것을 좋아한다는 사실을 알게 되었습니다. 그리는 과정에서 독창적인 표현을 쓰는 학생들도 관찰되며 학생들의 새로운 모습들도 발견할 수 있었습니다. 더욱 교사에게 의미가 깊었던 것은 학생들의 참여입니다. 강의식 수업에서는 느낄 수 없었던 학생들의 참여를 보는 것만으로도 활동 중심 수업의 중요성을 느끼게 됩니다.

운동부 학생이 이끌어 가는 수업
부제1 : 너 낯설다
부제2 : 바나나 내가 그릴게

강의식 수업이 아니고, 배운 내용이 어려운 내용이 아니므로 과학 성적과는 관계없이 학생들의 참여도가 높았다. 특히 평소에 수업에 집중하지 않던 학생도 바나나를 그려 가며 '선생님 정말 잘 그리지 않아요?' 하면서 적극적으로 참여하는 모습을 보였다. 학생들의 다양한 재능들이 수업시간에 나타날 수 있도록 STEAM 요소를 포함한 수업의 설계가 필요함을 다시 한 번 깨닫게 되었다.

학생들은 포스터 제작을 위한 조사와 포스터 발표를 통해 자연스럽게 산화환원반응의 다양한 사례에 대해 알게 되고, 산화환원반응, 나아가 과학적 원리가 실생활과 매우 밀접한 연관이 있음을 깨닫게 되는 좋은 계기가 되었던 수업이었다.

학교급	고등학교		학년/학년군	1

교 과	과학탐구실험		대단원	Ⅱ. 생활 속의 과학탐구

성취 기준 **10과탐02-07**

생활 속에서 발견한 문제 상황 해결을 위한 과학 탐구 활동 계획을 수립하고 탐구 활동을 수행할 수 있다.

평가 유형 산출물 평가, 발표 평가, 보고서 평가

핵심 역량 창의적 사고, 의사소통

평가 내용 색이 변하는 용액을 만들고 그 속에 숨겨진 산환 환원 반응의 원리를 설명할 수 있다.
산화 환원 사례에 대한 창의적 포스터를 제작하고 발표할 수 있다.

수업 및 평가 절차

학습 단계	교수 학습 활동	비고 (평가 계획 등)
1차시	색이 변하는 용액 만들기 - 색이 변하는 용액을 만들고 실험에 숨겨진 산화 환원 원리를 이해한다.	실험 활동 보고서 평가
2차시	실생활 속 산화 환원 창의적 포스터 만들기 - 산화 환원과 관련된 색이 변하는 현상 조사 - 원리를 설명하는 창의적 포스터 만들기 및 발표	모둠 활동 산출물 평가 발표 평가

생활기록부 교과세부능력특기사항에 기록

실생활 속 산화 환원 반응 창의적 포스터 만들기

❶ 색이 변하는 용액을 만들고 흔들었을 때 색이 변하는 현상을 체험해 보며 산화 환원에 흥미를 갖는 시간을 보낸다.

❷ 색이 변하는 용액 속에 숨겨진 과학적 원리를 조사하고, 실험 보고서를 작성한다.

❸ 실생활 속에서 산화 환원 반응에 의해 색이 변하는 사례를 조사하고, 이를 표현하는 창의적 포스터를 제작한다.

❹ 제작한 포스터를 과학적 개념과 창의성을 바탕으로 발표한다.

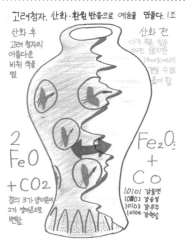

1차시 : 색이 변하는 용액 만들기

단계	학습과정	교수·학습 활동 상황
도입 (5분)	동기유발	▶ **동기유발** • 사과 갈변 현상과 같은 산화 환원 현상을 제시하여 산화 환원에 대한 동기를 유발한다. • 실험 수업을 할 것임을 안내하고, 실험 안전 규칙을 설명한다.

전개 1
(20분)
	탐구 실험
	실시
		▶ **수업 진행 설명**
		• 실험 시 주의사항
		  - 실험 재료가 담긴 바구니를 나눠 주고 시약을 함부로 만지지 않게 주의시킨다.
		  - 수산화나트륨 등의 시약을 사용하므로 반드시 장갑을 착용하고 실험 시 장난치지 않도록 주의시킨다.
		  - 실험 활동지를 바탕으로 실험 방법에 대한 안내를 한다.
		
		▶ **색이 변하는 용액 만들기 실험**
		• 교사의 설명과 실험 활동지 내용을 바탕으로 모둠별로 색이 변하는 용액을 만들고 흔들었을 때 색이 3단계로 변하는 현상을 확인한다.

전개 2 (20분)	과학적 원리 조사	▶ **색이 변하는 용액에서의 과학적 원리 조사** • 스마트 패드를 활용하여 과학적 원리를 조사하고, 모둠별로 토의 활동 후 실험 보고서를 작성한다.

단계	학습과정	교수·학습 활동 상황
정리 (5분)	차시예고	▶ 정리하기 • 다음 차시에 실생활 속 산화 환원을 설명하는 창의적 포스터를 작성할 것을 안내한다.

2차시: 실생활 속 산화 환원 창의적 포스터 만들기

단계	학습과정 (STEAM 준거 상황)	교수·학습 활동 상황
도입 (5분)	활동안내 (상황 제시)	▶ **창의적 포스터 제작 활동 안내** • 1차시에 실험했던 산화 환원 반응에 의해 색이 변하는 현상을 상기시키며 실생활 속에서 산화 환원 반응에 색이 변하는 사례에 대해서 질문한다. • 실생활 속 산화 환원 반응에 대해 조사하고 창의적 포스터를 제작할 것임을 안내한다. • 학생들의 이해를 돕기 위해 포스터 사례를 제시하되, 창의성을 발휘하여 다양한 형태로 제작할 수 있음을 안내한다. 산화환원 포스터 예시

단계	학습과정 (STEAM 준거 상황)	교수·학습 활동 상황
전개 1 (32분)	창의적 포스터 만들기 (창의적 설계)	▶ **모둠 역할 정하기** • 모둠별로 역할을 정한다. (역할 예시 ① 조장, 발표 ② 자료 조사1 ③ 그리기 ④ 자료 조사2) ▶ **실생활 속 산화 환원 창의적 포스터 만들기** • 실생활 속 산화 환원 반응 사례를 조사한다. - 스마트 패드, 과학 잡지 등을 활용 • 조사한 내용을 바탕으로 어떠한 형태로 내용을 표현 할 것인지 토의한다. • 창의적 포스터를 제작한다.
전개 2 (10분)	발표하기 (감성적 체험)	▶ **창의적 포스터 발표하기** • 창의성, 과학적 개념 등을 포함하여 발표를 한다.
정리 (3분)	내용정리 및 차시예고	▶ **정리하기** • 산화 환원 반응이 실생활과 밀접한 관련이 있음을 안내하고, 과학과 실생활의 관련성을 다시 한 번 강 조한다.

1. 계속 흔들어 줘야 색이 변한다

실험 방법에 따라 용액을 만들면 처음에는 녹색인데 가만히 두면 노란색으로 변하게 됩니다. 노란색이 되었을 때 흔들면서 색의 변화를 관찰하는 것인데요, 일부 모둠에서는 노란색에서 빨간색으로는 잘 변하는데 빨간색에서 녹색으로 변하지 않아서 질문하는 학생들이 있었습니다.

이러한 문제를 해결하는 방법은 간단합니다. 계속 흔들어 주면 됩니다. 실험 원리상 환원된 상태에서는 노란색을 띠는데, 흔들어 주면 플라스크 안의 산소가 용액에 녹으면서 산화되어 빨간색을 거쳐 녹색으로 변하게 됩니다. 즉, 산소가 용액에 더 녹을 수 있도록 더 빨리 계속 흔들어 주면 됩니다.

아래 QR 코드에 접속하시면 색이 변하는 용액 실험 영상을 볼 수 있는데, 노란색에서 빨간색으로는 쉽게 변하는데 녹색으로 변하는 데는 시간이 좀 걸립니다. 하지만 순간적으로 녹색으로 변합니다. 계속 흔들었음에도 녹색으로 잘 변하지 않는다면 플라스크 고무마개를 열어 산소를 충분히 공급해 준 후 다시 고무마개로 막고 흔들어 보세요. 어려운 실험이 아니면서 학생들이 매우 좋아하는 실험입니다.

색이 변하는 용액 실험 영상

QR 코드

영상이 삭제되었을 경우 '색이 변하는 용액 실험'으로 검색해 보세요
https://youtu.be/bruwu9YoaRY

2. 교사의 예시에 국한되는 아이들의 창의성

창의적 포스터를 만들면서 아쉬운 점이 있었습니다. 학생들에게 예시를 오른쪽 그림처럼 산화된 상태와 환원된 상태의 차이를 설명하는 그림으로 된 포스터로 제시하였는데, 많은 학생들이 이러한 패턴을 따라 포스터를 제작하는 모습을 보였습니다. 예시를 제시하지 않으면 학생들이 어려움을 겪을까 봐 예시를 제시한 것인데, 많은 학생들이 이 예시에 대한 형식을 따라 하며 자신의 창의성을 발휘하지 못하게 된 것 같습니다.

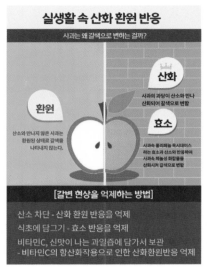

산화환원 포스터 예시

따라서 학생들의 숨겨진 창의성을 이끌어 낼 수 있도록 더욱 다양한 예시를 제시하거나, 아니면 예시 없이도 학생들이 활동 목표를 쉽게 인지할 수 있도록 수업 안내에 대해 단계적 접근 계획을 세워야 합니다. 첫 번째 수업을 한 학급에서 이러한 현상이 많이 발견되어 두 번째 학급에서부터는 이 포스터는 예시일 뿐 원하는 형태로 만들면 된다는 점을 여러 번 강조하였습니다. 창의적 산출물 수업을 할 때는 학생들이 예시에 국한되지 않도록 교사가 여러 번 학생들에게 이러한 내용을 안내해 주어야 합니다.

3. 아이들의 창의성을 칭찬해 주자

오른쪽 그림은 학생들의 결과물 중 하나입니다. 완성도도 높지 않고, 무엇을 표현하는 작품인지도 잘 모르겠습니다. 하지만 학생의 발표를 듣고 이 작품의 창의성을 깨닫게 됩니다. 근육의 마이오글로빈은 산소와 결합해 산화가 되면 선홍색을 띠게 되고 산소와 결합하지 못한 마이오글로빈이 많으면 적갈색을 띠게 됩니다. 진공 포장된 소고기의 색깔이 적갈색인 이유가 이 때문이죠.

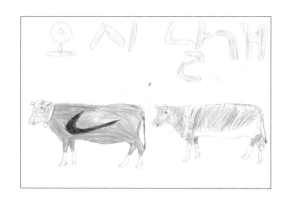

학생은 바로 이 원리를 표현하고 싶었던 겁니다. 소에게 옷을 입힌 부분은 산소랑 못 만나기 때문에 산화되지 않은 미오글로빈이 많아 시간이 지나고 옷을 벗겼을 때 옷이 있던 부분은 적갈색으로 남아 있을 것임을 표현한 것이죠. 미오글로빈은 근육에 있고 피부는 공기를 차단시키기 때문에 과학성이 전혀 없는 설명이었죠. 하지만 미오글로빈의 산화에 의해 고기 색이 변하는 현상을 이런 식으로 표현한 창의성을 저는 아낌없이 칭찬해 주었습니다. 교사인 저는 절대 표현할 수 없는, 학생만이 할 수 있었던 창의적인 방식이었기 때문입니다.

이 학생은 작품만 봐도 알 수 있듯이 평소 과학 수업에 열심히 참여하지 않는 학생입니다. 하지만 작품의 완성도를 떠나서, 과학적 개념을 떠나서, 이 학생이 어떠한 생각을 가지고 작품을 제작했는지 귀담아 들어 주고 평소에 몰랐던 학생의 창의성을 표현할 수 있는 기회를 줬다면, 교사와 학생 모두에게 충분히 좋은 수업이지 않을까요?

　자료 조사와 포스터 제작을 1차시 동안에 수행하다 보니 포스터의 완성도가 뛰어난 결과물들은 볼 수 없었습니다. 하지만 작품의 완성도보다는 그 과정 속에서 아이들이 협동하고 즐거워하는 모습이 저에게는 훨씬 큰 기쁨으로 다가왔습니다. 남자아이들이다 보니 그림 실력이 다 비슷해 자기들끼리도 '내가 더 잘 그린다. 내가 그릴게.'라며 서로 경쟁하고 재밌어 하는 모습을 보고 있거나, '이것도 산화 환원 반응이었네. 신기하다.'라며 과학에 대한 흥미를 느끼는 모습을 보고 있으면, 저도 모르게 입가에 미소가 지어집니다. 국회의사당의 지붕 색깔이 원래 푸른색이 아니었다는 것을 아이들의 발표를 들으면서 알게 된 것도 또 다른 뿌듯함이라 할까요?

학생 작품 예시

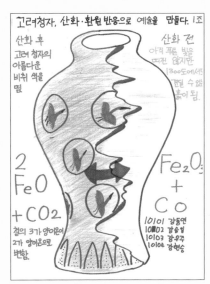

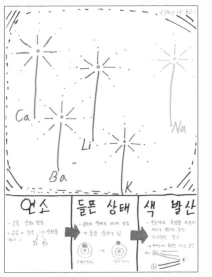

고려청자가 산화되기 전에는 푸른빛을 띠진 않지만 산화가 되면서 아름다운 비취색을 만들어 가는 사례를 표현한 작품

금속이 산화되면서 나타나는 불꽃 반응색에 대한 과학적 원리 불꽃놀이와 연결시켜 표현한 작품

학생 작품 예시

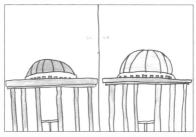

국회 의사당의 지붕이 원래는 초록색이 아니었으며, 산화되면서 초록색으로 변했음을 설명하는 작품

파마의 원리에 산화 환원이 적용된다는 것을 이미지화시켜 표현한 작품

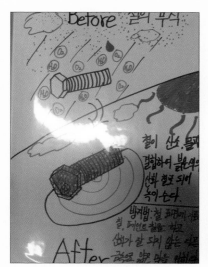

철이 산화되어 녹이 스는 현상을 표현하며 산화를 막아 녹이 스는 현상을 막는 방지법까지 제시하는 작품

철로 만들어진 에펠탑의 산화 때문에 이를 막기 위해 많은 양의 페인트가 소모되고 있음을 알려 주는 작품

실험 활동지

인천남고등학교 1학년 ( )반 ( )조	학번	이름		

실험 목표	- 산화 환원 반응을 이용하여 색이 변하는 용액을 만들 수 있다. - 과학 원리를 활용한 놀이를 체험하여 과학의 즐거움을 느낄 수 있다. - 산화 환원 사례에 대한 창의적 포스터를 제작하고 발표 할 수 있다.
주제	색이 변하는 용액

Ⅰ. 준비물

- 포도당, 수산화 나트륨, 1 % 인디고 카민 용액, 증류수, 전자저울, 약숟가락, 시약포지, 삼각 플라스크, 비커, 눈금실린더, 유리 막대, 스포이트, 고무마개, 보안경, 실험용 고무장갑

Ⅱ. 실험 방법

① 삼각 플라스크에 물 250 mL를 넣은 후, 포도당 3 g과 수산화 나트륨 5 g을 차례로 넣어 모두 녹인다.
  ※ **주의** 수산화 나트륨을 물에 녹일 때 많은 열이 발생하므로 주의한다.
② 인디고 카민 용액 5 mL~10 mL를 과정 ①의 삼각플라스크에 넣는다.
  ※ **주의** 인디고 카민 용액은 옷이나 손에 묻으면 잘 지워지지 않으므로 흘리지 않도록 주의한다.
③ 삼각 플라스크의 입구를 고무마개로 막고, 용액이 노란색으로 변할 때까지 놓아둔다.
④ 삼각 플라스크의 용액을 흔들면서 색이 어떻게 변하는지 관찰한다.
⑤ 과정 ④에서 색이 변화된 용액을 가만히 놓아둔 후, 색이 어떻게 변하는지 관찰한다.

증류수+
포도당+
수산화 나트륨

인디고 카민
용액

Ⅲ. 결과 분석

① [실험 방법 ④]에서 색의 변화를 서술하시오.

② [실험 방법 ④]에서 색이 변화된 용약을 가만히 놓아둔 후, 색이 어떻게 변하는지 관찰하고 색 변화를 서술하시오.

③ 인디고 카민 용액의 특징을 조사하여 서술하여 봅시다.

④ [실험 방법 ⑤]에서 용액을 가만히 놓아두면 포도당에 의해 [실험 방법④]에서 일어나는 반응과 반대 반응이 일어난다. [실험 방법 ⑤]에서 포도당의 역할을 조사해 보고, 반응 용액 속에 포도당이 없으면 실험 결과가 어떻게 되었을지 조별로 토의 후 서술하시오.

창의적 포스터 만들기

주제	산화환원 반응으로 색이 변하는 실생활 속 사례

⑤ 우리 주변에서 산화 환원 반응으로 색이 변하는 반응의 예를 조사하고, 창의성을 발휘하여 자유롭게 포스터로 제작하고 이를 발표해봅시다.

과학탐구실험은 과목 특성상 수행평가 비중이 높은 형태로 운영되곤 합니다. 모둠 활동이다 보니 무임승차하는 학생들이 일부 존재하게 되는데, 약간의 동료평가 점수를 넣어 아이들의 참여를 높이고자 했습니다.

수행평가 세부 척도안		
항 목	상세 채점 기준	점수
보고서 평가 (4점)	제시된 문항에 대해 모두 올바르게 서술함	4
	제시된 문항에 대해 3문항을 올바르게 서술함	3
	제시된 문항에 대해 2문항을 올바르게 서술함	2
	제시된 문항에 대해 1문항을 올바르게 서술함	1
	제시된 모든 문항을 올바르게 서술하지 못함	0
산출물 평가 (4점)	과학적 개념, 표현의 창의성, 완성도가 있는 작품을 제작함	3
	과학적 개념, 표현의 창의성, 완성도 중 2가지를 만족하는 작품을 제작함	2
	과학적 개념, 표현의 창의성, 완성도 중 1가지만을 만족하는 작품을 제작함	1
	미제출	0
과정평가 (2점)	동료 평가 평균 점수가 1.5점 이상	2
	동료 평가 평균 점수가 1.5점 미만 0점 초과	1
	동료 평가 평균 점수가 0점	0

학교생활 기록부 기재 예시
산화 환원 수업 후 금속의 불꽃 반응색에 적용된 산화 환원을 표현하는 창의적 포스터를 제작함. 이 과정에서 '들뜬 상태'의 과학적 원리를 불꽃놀이와 연계하여 관련 개념을 표현하는 창의성을 보여 줌.

동료평가지 양식

평가자 이름 : _____

동료 평가	조원 이름	점수		
		적극적으로 참여(2)	보통(1)	미참여(0)
해당 조원은 주어진 역할을 성실하게 수행했나요?				

탐구 수행으로 얻은 정성적 혹은 정량적 데이터를 분석하고 그 결과를 다양하게 표상하고 소통할 수 있다.

JOISS(관할해역해양정보 공동활용시스템)를 활용한 우리나라 해수의 염분과 수온 변화 조사하기

이 자 랑 선생님 (인천남고등학교)

한반도의 기후 변화 경향성 파악하기

2015개정 교육과정에 들어오면서 과학 실험은 어떻게 변해 가고 있을까요? 과거에 실험이 직접 해부를 하고 약품을 섞어 반응을 측정하는 것이었다면 2015 개정 교육과정에서의 탐구는 그 의미가 다소 달라져 가고 있습니다. 과학 교과에서의 핵심 역량인 과학적 사고력, 과학적 탐구 능력, 과학적 문제 해결력, 과학적 의사소통 능력, 과학적 참여와 평생 학습 능력을 기를 수 있도록 하기 위해 자신들의 탐구 결과가 사회에 어떤 영향을 주는지를 생각해 보게 하는 것이죠. 즉 다양한 탐구의 결과와 정보를 반 친구들, 나아가 사회의 다양한 구성원들이 알 수 있게 재구성하고 이를 알릴 수 있는 능력까지 함께 기를 수 있도록 하고 있습니다.

이러한 점에 있어 자신이 과학적 정보를 수집하고 이를 알맞게 가공하는 아래의 과정이야말로 4차 산업혁명시대에 학생들에게 필요한 능력일 것입니다.

자료 → 분석 → 다양한 표현

　　지금 소개하려고 하는 JOISS는 산재되어 있는 해양 자료를 수집하고 하나의 통합데이터베이스로 구축하여 원하는 자료를 쉽게 검색할 수 있게 하고 있습니다. 해양수산부 연구과제 결과와 국내외 공개자료를 대상으로 관측자료 약 2억 건, 모델/재분석 자료 약 3,750억 건, 위성자료 약 680만 건 등 수치만으로도 엄청난 양의 자료를 보유하고 있죠. 무엇보다, 이것이 유용한 것은 기존에 쉽게 접할 수 없었던 해양 관측 자료들을 조금 더 쉽게 모을 수 있다는 점입니다.

이러한 자료를 수업시간에 어떻게 활용하는 것이 도움이 될까요?

🚩 수업자의 생각

2015 개정 교육과정의 과학탐구실험은 1단위의 수업으로, 매시간 고전적인 실험을 하는 것이 현실적으로 어렵다. 그렇다고 배정된 교과를 이론으로 채울 수도 없는 일. 아마 많은 현장의 교사들에게 이것이 가장 큰 딜레마로 다가올 것이다. 실제 과학탐구실험은 학생들에게 실험 수행 능력을 길러 주기 위해 구성된 과학 실험 교과가 아니라 탐구 능력을 길러 주는 것이 교과의 주된 목적이다.

따라서, 학생들이 정보를 찾고 이를 자신들이 원하는 형태의 산출물로 만들 수 있도록 하는 능력을 길러 주는 것이 교사의 역할일 것이다. 인터넷을 통해 단순히 정보를 검색하는 것만이 아니라 자신이 원하는 형태의 정보를 수집하고 이를 원하는 형태로 가공할 수 있는 능력(예를 들어 표, 그림, 그래프로 변경하고 이를 해석하는 능력 등)을 기르도록 하는 것이 2015 개정 교육과정이 추구하는 탐구의 목표인 것일 것이다.

학교급	고등학교		학년/학년군	1

교 과	과학탐구실험		대단원	II. 생활 속의 과학탐구

성취 기준 **10과탐02-06**

과학 관련 현상 및 사회적 이슈에서 과학 탐구 문제를 발견할 수 있다.

10과탐02-08

탐구 수행으로 얻은 정성적 혹은 정량적 데이터를 분석하고 그 결과를 다양하게 표상하고 소통할 수 있다.

평가 유형 자료 수집 및 분석

핵심 역량 지식정보처리, 의사소통, 공동체

평가 내용 30년간 한반도의 수온과 염분의 자료를 수집하고 이를 그래프로 표현할 수 있다.

수업 및 평가 절차

학습 단계	교수 학습 활동	비고 (평가 계획 등)
1차시	한반도의 기후 변화 문제	토론 수업
2차시	한반도의 수온, 염분 자료 조사	모둠 탐구
3차시	그래프 변환 및 의미 해석	모둠 토의

생활기록부 교과세부능력특기사항에 기록

STEP 1 ··· JOISS를 활용한 자료의 탐색

STEP 2 ··· 그래프로 변환

　　자료의 탐색과 그래프의 작성은 개별 탐구 활동으로 행해지지만, 모든 과정
을 미러링을 통해 조원들과 공유합니다.

3 수업 고수의 팁

JOISS 활용하기

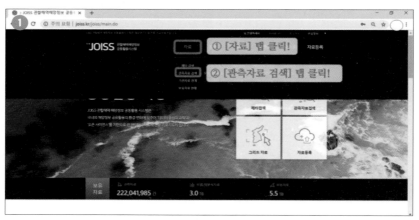

① 관측 기간 : [1970.01.01~ Today] 설정!

② [영역선택] 버튼 클릭!

③ 마우스로 지도에서 영역 설정!

④ [Search] 버튼 클릭!

①원하는 지점 클릭!

② [데이터] 버튼 클릭!

① '팝업 항상 허용'클릭!

② [데이터 내려받기]-[CVS] 버튼 클릭!

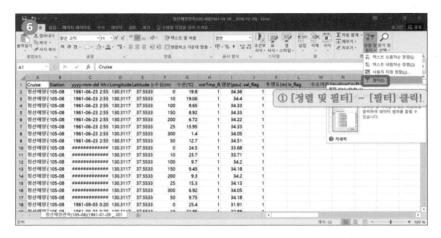

① [정렬 및 필터] – [필터] 클릭!

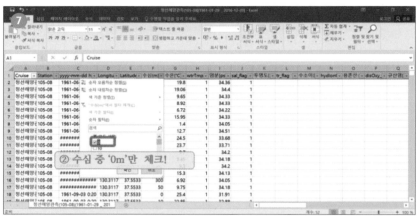

② 수심 중 '0m'만 체크!

'값으로 붙이기'를 하여 날짜가 이상하게 변했다면, [셀서식]-[표시형식]에서 '날짜'로 수정

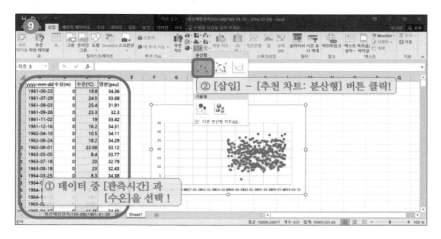

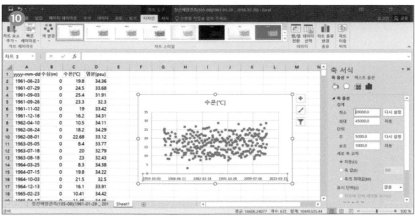

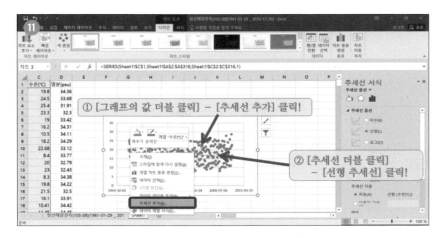

JOISS를 활용한 우리나라 해수의 염분과 수온 변화 조사하기

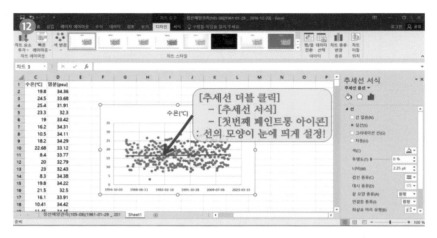

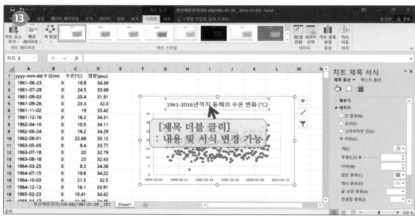

6명의 학생을 한 조로 묶어서
아래와 같은 활동을 진행하면,
그래프 작성을 아무리 못하던 학생도
5번의 반복 학습을 통해
결국 해내게 됩니다!

🚩 수업자의 생각

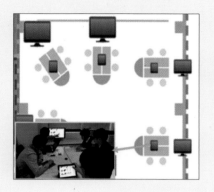

2015 개정 교육과정과 더불어 창의융합형 과학실을 구축하면서 다양한 형태의 스마트 수업들이 선보여지는 가운데 미러링을 활용한 수업도 바로 그 형태이다. 이에 미러 캐스트를 활용하여 조별 학습 내용을 공유한다면 어렵게만 느껴지는 다양한 활동들도 조별로 쉽게 공유하고 함께 학습해 갈 수 있을 것이라 생각한다.

학생 작품 예시

		Ⅱ-11. 수온과 염분의 자료 분석 [JOISS]를 통해 우리나라 수온 염분 분석하기			2학년 (2)반 (2) 조			
조원	학번	20202	20206	20208	20212	20226	
	이름						
	분석 내용	남해안 수온	동해안 수온·염분	서해안 염분	서해안 수온	남해안 염분	
분석기간		2007~2017년					

* 그래프를 복사해서 붙이세요. *

그래프 그리기		수온	염분
	동해	동해안 표층수온의 변화(℃)	동해안의 표층 염분 변화(psu)
	서해	서해안의 표층수온 변화(℃)	서해안의 표층 염분변화
	남해	남해안의 표층수온의 변화	남해안의 표층 염분 변화(psu)

평가 계획 --

본 평가는 미러 캐스트를 활용하여 전 조원이 수행 과정을 공유하면서도 개별 산출물을 평가하도록 되어 있습니다. '이러한 과정에서 과연 평가가 가능할까?'라는 생각이 들겠지만 실제 평가에서도 학생별로 산출물에 차이를 보였습니다. 특히나 교사가 앞에서 학생들의 수행 과정을 모니터로 함께 공유할 수 있기 때문에 과정을 평가하는 것에 더욱 용이합니다. 본 평가를 통해 학생들이 평가도 학습의 과정임을 알게 하는 계기가 되기를 바랍니다.

수행평가 세부 척도안		
항목	상세 채점 기준	점수
JOISS를 활용한 자료수집 능력 (5)	30년간의 수온 또는 염분의 자료 중 표층의 자료만 선별함.	5
	30년간 수온 또는 염분의 자료를 선별함.	4
	수온 또는 염분의 자료를 찾음.	3
그래프 변환 능력 (5)	자료를 그래프로 표현하고 추세선을 제대로 표현함.	5
	자료를 그래프로 표현하고 추세선을 그리지 못함.	4
	그래프가 미흡하고 추세선도 그리지 못함.	3
미제출		3

학교생활 기록부 기재 예시
JOISS를 활용하여 우리나라 동해(또는 서해, 남해)의 수온(또는 염분)에 대한 자료를 수집하고 이를 그래프로 표현하여 한반도의 기후 변화 경향성을 파악할 수 있다.

탐구 수행으로 얻은 정성적 혹은 정량적 데이터를 분석하고 그 결과를 다양하게 표상하고 소통할 수 있다.

기후 변화 경향성 인포그래픽 제작하기

서 재 원 선생님 (인천만수고등학교)

고등학교 1학년 학생들을 대상으로 과학 수업을 하다 보면 이따금씩 드는 생각이 있습니다. 학생들이 과학 지식에는 나름 익숙해도 과학적 탐구 과정에는 익숙하지 못하다는 것입니다. 중학교 때 실험을 많이 해 본 학생들도 마찬가지였습니다. 그 이유가 궁금하여 몇몇 중학교 선생님들께 여쭤보았더니 중학생들이 탐구 과정을 너무 어려워하기 때문에 제대로 다루기 힘들다고 하시더군요.

그런 의미에서 2015 개정 교육과정의 과학탐구실험은 고등학교 1학년생들에게 꼭 필요한 것 같습니다. 이전까지는 고등학교 과학이나 물화생지 각 과목에서 수업을 진행하면서 실험을 하여 탐구 과정과 기능(skill)을 체득시켜야 했다면, 이제는 과학탐구실험 수업을 통해 집중적으로 탐구 과정과 기능을 배운 후에 물화생지 각 과목을 배울 수 있기 때문입니다. 학생들이 배우는 과학 지식들은 결국 과학적 탐구 과정을 통해 밝혀진 것이기에 과학 지식을 배우는 데에도 훨씬 수월해질 거라 예상됩니다.

그래서 과학탐구실험에서 과학적 탐구 과정과 기능을 제대로 가르쳐야 한다고 생각합니다. 특히 통합적 탐구 과정인 문제인식, 가설설정, 변인의 확인·통제·조절, 자료변환, 자료해석, 결론도출 등은 몇 번을 강조해도 모자랍니다. 실제로 과학탐구실험의 내용 체계를 살펴보면 '생활 속의 과학탐구' 영역에 '과학 탐구의 과정'이 핵심 개념으로 포함되어 있습니다. 특히 그 내용 요소 중 '정성적·정량적 데이터 수집 및 분석'과 관련된 수업이 바로 제가 여기서 소개하려는 수업입니다. 인터넷이 연결된 노트북이나 태블릿, 핸드폰만 있으면 진행할 수 있는 간단한 수업이기도 합니다.

　　기후 변화 경향성 인포그래픽 제작하기

🚩 수업자의 생각

여러 통합적 탐구 과정과 관련된 단원 중에서도 굳이 이 단원을 고른 것은 이유가 있다. 요즘에는 컴퓨터의 발달로 자료변환과 자료해석이 훨씬 수월해져서 MBL을 이용하거나 컴퓨터를 통해 실험 시간이 매우 단축되고, 정확성도 올라간 게 사실이다. 하지만 이런 도구들은 자료변환과 자료해석을 능숙히 할 줄 아는 사람이 사용해야 의미가 있는 것들인데, 오히려 이 도구들 때문에 자료변환과 자료해석을 소홀히 하게 된다. 학생들이 일차함수, 이차함수도 배우고 나름 그래프도 볼 줄은 아는데 정작 그래프를 그리지는 못하는 상황이 학교 현장에서 자주 나타나게 된다.

2015 개정 과학과 교육과정 성취기준에서 제시된 활동은 '관측 자료를 활용하여 한반도의 기후 변화 경향성 파악하기'이지만, 굳이 한반도 전체일 필요는 없다. 학생들이 사는 지역으로 범위를 좁혀도 좋고, 학생 본인이 관심 있어 하는 외국 어느 나라여도 괜찮다. 오히려 모둠학습 시에는 모둠별로 다른 지역을 선택하게끔 하거나, 비교를 위해 두 모둠씩 같은 지역을 선택하는 것도 좋은 방법이다. 적당한 경쟁은 학생들을 불타오르게 하니까.

보고서에 그래프를 그리는 활동을 할 때는 학생들에게 일임하지 말고 꼭 그래프를 그리는 방법을 하나하나 알려 준 후에 활동을 진행하자. 학생 수준에 따라 다르겠지만 많은 학생들은 알려 준 직후에 그려 보라고 해도 못 그리는 게 일반적이다. 특히 추세선을 그리는 방법에 대해서는 아예 감을 못 잡는 학생들이 많다. 따라서 활동 전에 세세히 설명해 준 후, 연습으로 그래프를 그려 보는 시간을 가지면서 도움이 필요한 학생들에게 또다시 자세히 설명해 주면 좋다. 그래프를 평가하는 것은 이러한 과정을 거친 이후에 하도록 하자.

수업 개요 --

[학교급] 고등학교   [학년/학년군] 1

[교 과] 과학탐구실험   [대단원]   II. 생활 속의 과학 탐구

성취 기준   **10과탐02-08**

탐구 수행으로 얻은 정성적 혹은 정량적 데이터를 분석하고 그 결과를 다양하게 표상하고 소통할 수 있다.

평가 유형   관찰 평가, 보고서 평가, 수행평가(산출물, 발표)

핵심 역량   지식정보처리, 심미적 감성, 공동체

평가 내용   기후 변화 그래프, 인포그래픽 제작 및 발표

수업 및 평가 절차

학습 단계	교수 학습 활동	비고 (평가 계획 등)
1차시	그래프의 종류와 그래프 작성 방법에 대한 이론 설명	이론 수업
2차시	조사 내용을 모둠별로 토의하여 결정하고, 노트북을 이용하여 조사 후 인포그래픽 초안 디자인	보고서 평가
3차시	디자인한 초안과 수집한 데이터를 바탕으로 모둠별 인포그래픽 제작	관찰 평가
4차시	제작한 인포그래픽의 내용과 그렇게 디자인한 이유를 발표	수행평가 (산출물, 발표)

생활기록부 교과세부능력특기사항에 기록

기후 변화 경향성 인포그래픽 제작하기 상세 과정

❶ 정성적·정량적 데이터 개념을 설명하고, 그래프의 요소와 종류, 그래프 작성하는 방법을 세세하게 알려 준다. 이후 예시 자료를 제시하여 그래프 그리기 연습을 하고, 차후에 할 인포그래픽 제작에 대해 예고한다.

❷ 모둠별로 어떤 지역의 어떤 기후 요소를 조사할지 토의하여 결정한다. 인터넷이 연결된 노트북 등을 이용하여 기상청, 뉴스 등을 통해 데이터를 수집한 후 그 데이터를 어떤 방식으로 그래픽화할지 디자인해 본다.

❸ 전 차시에 디자인한 초안을 바탕으로 모둠별로 인포그래픽을 제작한다. 제작도구나 방식은 모둠별로 자유롭게 하도록 한다.

❹ 완성된 작품의 내용과 그렇게 디자인한 이유를 인포그래픽의 목적과 관련지어 발표한다. 각 모둠은 다른 모둠의 발표를 잘 듣고 평가한다.

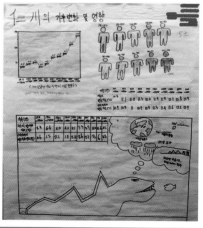

단계	학습과정	교수·학습 활동 상황
도입	동기유발	▶ **동기유발** • 지구 온난화나 기후 양극화를 다루는 뉴스 영상이나 다큐멘터리 일부분을 보여 주고, 체감 기후는 과거부터 현재까지 어떻게 변해 왔는지 학생들이 경험을 말할 수 있도록 발문함.
전개 1	이론 수업	▶ **개념 설명** • 기후와 기후 요소 • 그래프를 그리는 방법 • 그래프의 요소 • 그래프의 종류 • 정성적·정량적 데이터 ▶ **그래프 그리기 연습** • 교사는 미리 준비한 정량적 데이터 예시를 제시해 주고, 이를 바탕으로 그래프를 그리는 연습 시간을 준다. • 교사는 순회하며 관찰하고, 연습이기 때문에 적절히 개입하여 도와준다. ▶ **차후 활동 예고** • 인포그래픽의 예시를 보여 주며 간단히 설명하고, 모둠별로 조사한 것으로 인포그래픽을 제작할 것임을 예고한다.
전개 2	토의 및 조사	▶ **모둠별 토의 및 조사** • 어느 지역의 어떤 기후 요소를 선택해 조사할지 결정 • 교사는 모둠에서 한 사람당 하나씩 기후와 관련된 내용(기후 요소 또는 그로 인한 변화 등)을 조사할 수 있도록 안내한다. ▶ **인포그래픽 초안 디자인** • 학생들은 기존의 인포그래픽을 검색해 참고하여 수집한 데이터를 어떻게 나타낼지 모둠별로 디자인한다.

단계	학습과정	교수·학습 활동 상황
전개 3	창의적 산출물 제작	▶ 인포그래픽 제작 • 교사는 기본적인 도구(전지, 색연필, 색매직, 자, 풀, 가위 등)만 모둠에 제공하고, 모둠별로 인포그래픽 제작에 필요한 재료는 따로 챙겨 오도록 한다. • 학생들은 모둠별로 고안한 인포그래픽을 제작한다.
전개 4	발표하기	▶ 인포그래픽 발표 • 학생들은 모둠별로 나와서 인포그래픽을 이용해 기후 변화 경향성에 대해 발표한다. 발표 시 본인이 조사한 내용은 본인이 발표하도록 한다. • 교사는 발표 모둠 외의 다른 모둠이 질문할 수 있도록 유도하고, 정보 전달이라는 본래의 목적과 부합하는 인포그래픽인지 평가한다.
정리	내용정리	▶ 정리하기 • 교사는 전체 모둠의 발표가 끝나면 이를 종합하여 우리나라(또는 지구) 기후 변화의 추세를 강조하고, 학생들이 문제의식을 가지고 살아갈 수 있도록 돕는다.

주제가 기후 변화 경향성을 파악하는 것이므로 그래프를 그리는 방법을 설명할 때 추세선 그리는 법까지 알려 주시면 학생들이 경향성을 파악하는 데 훨씬 도움이 됩니다. 다만 추세선 그리는 방법은 학생들이 잘 이해하지 못하는 경우가 많아 신경을 써야 하고, 평가 시엔 너무 자세하게 추세선을 평가하지 않는 것이 좋습니다.

그래프를 그리는 활동 때문에 학생들이 정성적 데이터에 대한 것을 소홀히 하기 쉬운데, 정성적 데이터도 수집하여 분석하도록 교사가 유도해 줘야 합니다. 기후와 관련된 정성적 데이터의 예시로는 지역 주민의 기후 변화에 대한 인터뷰, 그 지역의 식물이나 농작물의 변화, 바닷가라면 잡히는 어종의 변화 등이 있습니다.

저는 GIF 형식의 움직이는 인포그래픽 예시를 보여 줬습니다. 그리고 전지는 준비해 주지만 컴퓨터나 다른 걸 이용하여 인포그래픽을 제작해도 좋다고 형식을 자유롭게 열어 줬습니다. 다만 설명이나 평가 시에 '내용을 요약하고 이미지와 함께 제시하여 정보를 효율적으로 전달'하는 인포그래픽의 목적에 부합해야 한다는 것을 강조하는 게 좋습니다.

중요한 것은 학생들이 자료를 수집할 때 기간을 적절히 설정하도록 교사가 가이드라인을 줘야 한다는 것입니다. 기온 같은 경우엔 관측 역사가 꽤 오래되어 10년 단위로 평균을 내도 되지만, 상대적으로 관측 역사가 길지 않은 것은 1년 단위로 평균 낸 자료를 사용하는 게 더 낫습니다. 교사가 아무런 기준을 제시하지 않으면 평균을 내 오지 않거나, 기간 간격이 일정하지 않거나, 월 단위로 그래프를 그려 오는 참사가 벌어질 수 있습니다.

우리나라의 기상 관측 자료 사이트
기상자료개방포털(https://data.kma.go.kr/)
기상청 국가기후데이터센터(http://sts.kma.go.kr/)
기상청 기후정보포털(http://www.climate.go.kr/)

학생 작품 예시

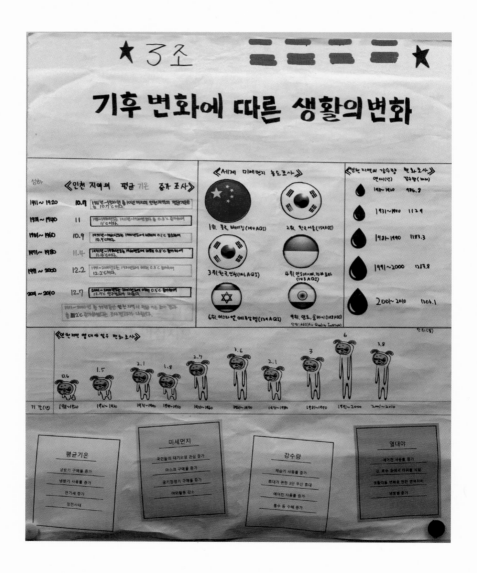

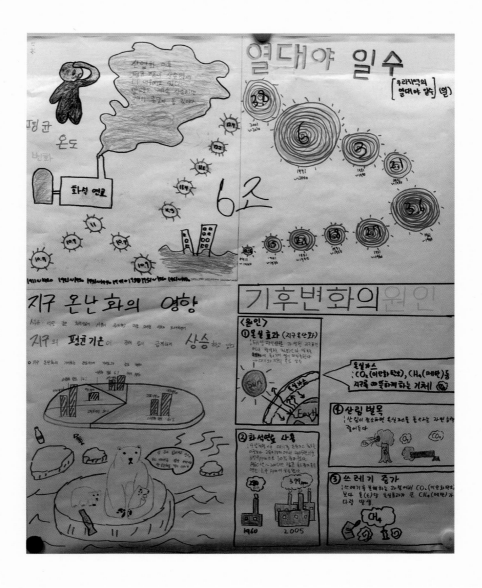

학생 작품 예시

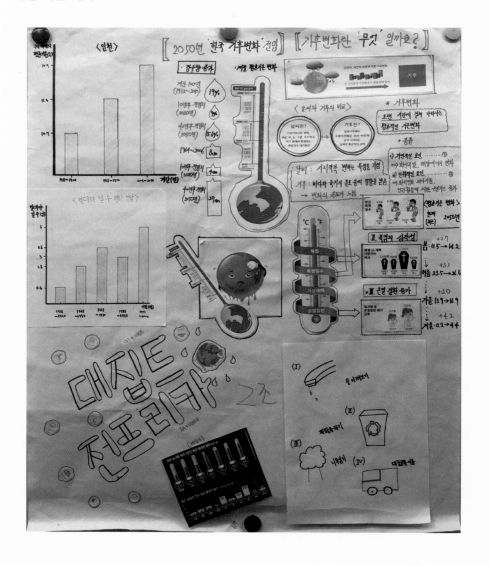

수행평가 세부 척도안

항목	상세 채점 기준	점수
보고서 작성 (3점)	조사한 내용을 정리하였고, 그래프에 오류가 없음	3
	조사한 내용을 정리하였지만, 그래프에 오류가 있음	2
	조사한 내용을 정리하지 않거나, 그래프를 그리지 않음	1
인포그래픽 제작 (4점)	창의적인 방식으로 정보 전달의 효율성을 높임	4
	정보 전달의 효율성을 높임	3
	정보를 제대로 전달하지 못함	2
발표 (3점)	제작 의도와 전달하려는 내용을 조리 있게 발표함	3
	제작 의도와 전달하려는 내용을 평범하게 발표함	2
	제작 의도나 전달하려는 내용을 빠뜨리고 발표함	1
미제출		3

학교생활 기록부 기재 예시

우리 지역의 기후 변화 경향성을 파악하고 창의적 산출물을 제작하는 활동에서 기온과 미세먼지, 강수량, 그리고 열대야 일수 변화를 조사하여 창의적인 방식으로 표현하여 인포그래픽을 제작함. 또한 이러한 변화의 원인과 영향까지 인포그래픽에 포함하여 기후 변화의 위험성을 잘 전달함.

즐거운 배움 **기후 변화 경향성 파악하기**

단원명	기후 변화 경향성 파악하기	학번	
탐구주제	인포그래픽을 제작한다.	이름	

1. 그래프의 종류

◈ 아래 그래프들의 이름을 보고, 각 그래프의 형태를 추론하여 그려 보자. 그리고 각 형태의 그래프
는 어떤 내용을 나타내기에 적합할지 서술해 보자.

1. 선 그래프

2. 막대그래프

3. 원형 그래프

2. 그래프 작성 방법

1. 실험 결과 나온 데이터(자료)를 표로 정리한다.
2. 표로 정리한 데이터를 어떤 그래프로 나타낼지 결정한다.
3. 그래프의 가로축과 세로축을 무엇으로 할지, 눈금 사이의 간격을 얼마로 할지 결정한다.
4. 그래프를 그리고, 그래프 막대의 끝이나 각 점을 가장 가깝게 지나는 추세선을 그어서 경향성을 나타
낸다.

3. 정보 조사

◈ 어떤 기후 요소를 조사할지 적고, 조사한 내용을 아래에 정리해 보자.

> 가. 조사한 기후 요소 :
> 나. 조사한 내용에서 정성적 데이터와 정량적 데이터를 구분해 보자.
>
> 다. 조사한 내용을 어떤 창의적인 방식으로 표현하면 보는 사람이 정보를 빠르고 정확하게 전달받을 수 있을지 아이디어를 내 보자.

4. 그래프 작성

◈ 조사한 내용의 정량적 데이터를 표로 정리하고, 이를 그래프로 그려 보자.

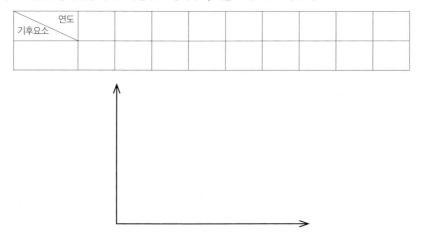

연도 기후요소								

5. 인포그래픽 초안 디자인

◈ 앞의 내용들을 바탕으로 인포그래픽 초안을 디자인해 보자.

과학의 핵심 개념을 적용하여 실생활 문제를 해결하거나, 탐구에 필요한 도구를 창의적으로 설계하고 제작할 수 있다.

AR 빛 실험실을 활용한 빛의 분산 실험

이 자 랑 선생님 (인천남고등학교)

2016년 3년간 쉬고 있던 영재 수업을 다시 시작하면서, 늘 하던 망원경의 원리 수업을 위해 빛과 친구들이라는 광학 도구를 챙겨 수업을 하러 나섰습니다. 차도 없는 저에게 나무로 된 두 개의 007 상자만 한 가방은 어마무시한 무게를 과시했죠. 레이저가 내뿜는 붉은빛의 위엄에 아이들이 탄성을 내지르긴 했지만 20명이 넘는 아이들이 직접 이 기구를 가지고 손으로 체험을 해 보긴 역부족이었고 이러한 현실이 안타깝기만 했습니다.

2017년도 다시 수업 준비를 하면서 창의 융합형 과학실을 준비하게 되었고 이를 통해 AR, VR 등 다양한 스마트 수업을 경험하고 있던 터라 다른 형태의 수업 방법을 찾아보자는 생각에서 정보의 바다를 헤매게 되었습니다. 그 결과 AR 빛 실험실이라는 콘텐츠를 찾게 되었고 지금은 많은 광학실험에서 이 콘텐츠를 활용하고 있습니다. 저의 최애템(?)인 셈이죠.

지금부터 저의 수업을 통해 AR 빛 실험실의 활용 방법을 소개합니다.

과학 실험 수업은 다양한 수업 제제를 사용해야만 학생들의 흥미와 의욕을 고취시킬 수 있고 수업시간을 끝까지 이끌고 나갈 수 있다. 이 말은 역으로 교사가 단독으로 수업을 진행하기 힘들다는 것을 의미한다. 다른 교과에서도 마찬가지이겠지만 과학 실험 수업에서 특히 이러한 요인이 더해지는 이유는 기존의 과학 실험 교과서 내용만을 가지고는 결과를 충분히 예측하여 학습의욕을 돋우기 어렵기 때문이다. 이러한 이유로 교사들은 다양한 콘텐츠를 채택하여 사용한다. 하지만 이것이 학습자의 학습 진도나 흥미를 제대로 이해하지 못하고 사용될 때 더욱 큰 부작용을 초래하기도 하므로 주의가 필요하다.

수업 개요 --

학교급	고등학교		학년/학년군	1

교 과	과학탐구실험		대단원	Ⅰ. 역사 속의 과학 탐구

성취 기준 **10과탐02-09**
과학의 핵심 개념을 적용하여 실생활 문제를 해결하거나, 탐구에 필요한 도구를 창의적으로 설계하고 제작할 수 있다.

평가 유형 토의 토론, 실험 평가

핵심 역량 지식정보처리, 심미적 감성, 의사소통

평가 내용 AR 빛 실험실을 활용하여, 빛의 분산을 실험하고 이를 통해 백색광이 여러 가지 색의 혼합으로 되어 있다는 사실을 알 수 있다.

수업 및 평가 절차

학습 단계	교수 학습 활동	비고 (평가 계획 등)
1차시	뉴턴의 결정적 실험	시범 실험
2차시	AR 빛 실험실을 활용하여 빛의 분산 실험하기	모둠 실험 및 토의
3차시	실험 평가하기	실험 평가
생활기록부 교과세부능력특기사항에 기록		

2 수업디자인

STEP 1 ⋯ AR 빛 실험실 APP 설치 및 마커 다운로드

위의 QR코드로 직접
어플을 다운로드

OR

App store나 Play store에서
AR 빛 실험실 다운로드

실험에 쓰이는 카드 마커는 아래의 주소에서 다운

http://scienceelevelup.kofac.re.kr/

AR 빛 실험실 어플을
다운 받아서 마커를 비춰보세요!

STEP 2 ⋯ 문제 제시

[실험 1. 태양광의 분산]
카드(마커)를 아래와 같이 배치하고 APP을 실행해 봅시다.

STEP 3 ··· **실제 실험 및 탐구**

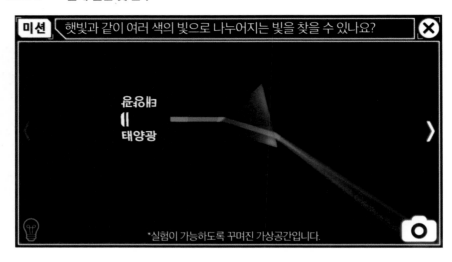

STEP 4 ··· **실험에 대한 평가**

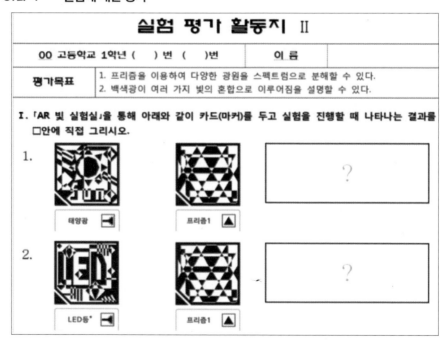

실험 평가 활동지 Ⅱ

00 고등학교 1학년 ( )반 ( )번	이 름	
평가목표	1. 프리즘을 이용하여 다양한 광원을 스펙트럼으로 분해할 수 있다. 2. 백색광이 여러 가지 빛의 혼합으로 이루어짐을 설명할 수 있다.	

Ⅰ. 「AR 빛 실험실」을 통해 아래와 같이 카드(마커)를 두고 실험을 진행할 때 나타나는 결과를 □안에 직접 그리시오.

1.

태양광 ◀ 프리즘1 ▲ ?

2.

LED등* ◀ 프리즘1 ▲ ?

AR 빛 실험실 활용하기

가. 마커를 다운받는다. (https://sciencelevelup.kofac.re.kr/)

나. 다운받은 애플리케이션을 실행시켜 마커와 같은 실험을 선택한다.

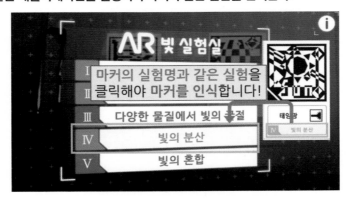

다. 실험 안내를 읽고 '실험 시작' 버튼을 누른다.

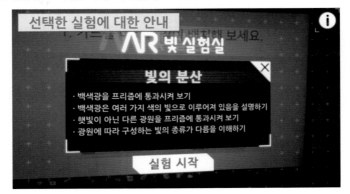

라. 실험을 시작하여 결과를 확인한다(사진을 찍고 싶다면 아래를 따라 실행한다).

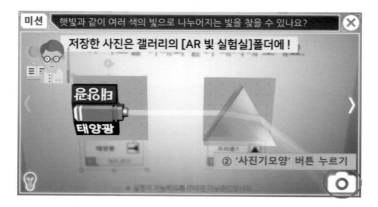

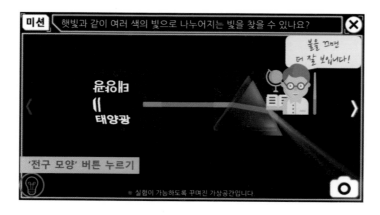

과학탐구실험 활동지 [빛의 분산]		
( ) 고등학교 1학년 ( ) 반 ( ) 번	이름	
성취기준	[10과탐02-09] 과학의 핵심 개념을 적용하여 실생활 문제를 해결하거나, 탐구에 필요한 도구를 창의적으로 설계하고 제작할 수 있다.	

Ⅰ. 카드를 아래와 같이 배치하고 실험 결과를 나타내 봅시다.

[실험 1. 태양광의 분산]

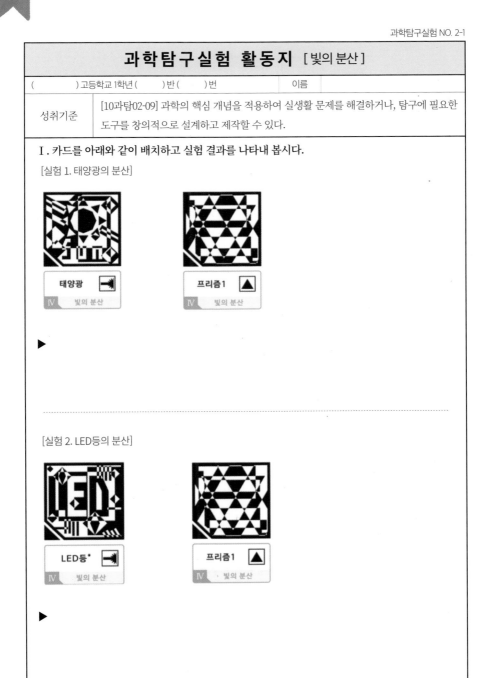

[실험 2. LED등의 분산]

▶

과학탐구실험 활동지 [빛의 분산]

( )고등학교 1학년( )반( )번 　　이름

성취기준	[10과탐02-09] 과학의 핵심 개념을 적용하여 실생활 문제를 해결하거나, 탐구에 필요한 도구를 창의적으로 설계하고 제작할 수 있다.

Ⅰ. 카드를 아래와 같이 배치하고 실험 결과를 나타내 봅시다.

[실험 3. 프리즘을 통과한 백색광을 다시 모으면?]

▶

[실험 4. 프리즘을 통과한 빛 중 적색광만 다시 프리즘을 통과하면?]

▶

과학탐구실험 활동지 [빛의 분산]

( ) 고등학교 1학년 ( )반 ( )번	이름	

성취기준	[10과탐02-09] 과학의 핵심 개념을 적용하여 실생활 문제를 해결하거나, 탐구에 필요한 도구를 창의적으로 설계하고 제작할 수 있다.

실험을 수행한 결과는 다음과 같이 나타납니다.

[실험1]
태양광의 분산

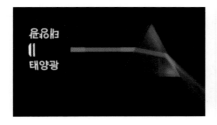

[실험2]
LED등의 분산

[실험3]
프리즘을 통과한 백색광을 다시 모으면?

[실험4]
프리즘을 통과한 빛 중 적색광만 다시 프리즘을 통과하면?

AR을 활용한 망원경의 원리

스마트 폰을 들고 싶어하는 아이가 없듯 스마트 수업에 반응하지 않는 학생
은 없습니다. 아무리 어려운 내용의 수업이라 하더라도 AR을 쉽게 이해시킬 수
있습니다. 특히, AR 빛 실험실을 활용해 빛의 굴절과 반사에 대해 수업한 후
'망원경의 구조와 원리'에 대한 수업을 활용하면 학생들을 쉽게 이해시킬 수 있
어요. 매번 하는 판서 수업에 학생들의 이해를 높이기 어려울 땐 AR(증강현실)
을 활용해 보세요.

대물렌즈의 직경을 조절 가능
▶ 상의 밝기가 바뀌죠.

접안렌즈의 위치 조절 가능
▶ 상의 초점을 조절해요.

빛의 이동경로를 볼 수 있어요.
▶ 상의 모양을 관찰가능

AR 빛 실험실을 활용한 빛의 분산 실험

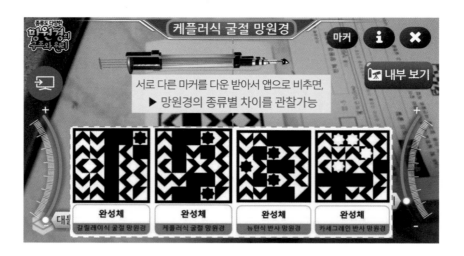

스마트 수업에서 과학실에 스마트 패드가 있다면 이를 활용하는 것도 물론 좋겠지만, 거기까지 사정이 여의치 않다면 개인이 가진 스마트 폰을 사용해도 문제가 되지 않습니다. 다양한 방법으로 부담 없이 즐길 수 있는 것이 바로 AR 수업의 큰 장점 중 하나겠죠?

🚩 **수업자의 생각**

망원경의 원리를 수업하기 전에 초등학교 때 배운 오목/볼록 렌즈, 오목/볼록 거울의 특징을 통해 망원경에 어떤 렌즈와 거울이 적합한지 학습한다면 더욱 효과적일 것 같아요.

오목 렌즈	볼록 렌즈
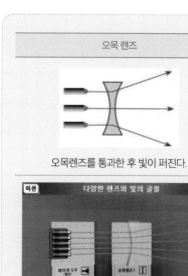	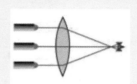
오목렌즈를 통과한 후 빛이 퍼진다.	볼록렌즈를 통과한 후 빛이 모인다.

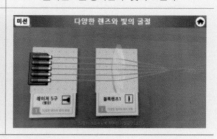

다양한 렌즈와 빛의 굴절

[레이저 5구] + [볼록렌즈 1]	[레이저 5구] + [볼록렌즈 1]

오목 거울	볼록 거울
	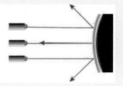
오목거울을 통과한 후 빛이 모인다.	볼록거울을 통과한 후 빛이 퍼진다.

구면 거울과 빛의 반사

[레이저 5구] + [오목거울 2]	[레이저 5구] + [볼록거울 2]

평가 계획은 다음과 같습니다. 수업의 내용이 많지 않아서 평가 내용이 작게 느껴진다면 점수를 작게 부여해도 좋습니다. 모든 수업의 내용에 동일한 점수를 부여할 필요는 없어요. 단지 학생들이 실험을 통해 제대로 알게 되었는지를 평가하는 것이 목적이죠.

수행평가 세부 척도안		
항 목	상세 채점 기준	점수
태양광의 분산 이해 (5점)	실험을 성공적으로 수행하고 결과를 완벽하게 이해하여 설명함.	5
	실험을 성공하지 못하였으나 결과에 대해 숙지함.	4
	실험을 성공하였으나 결과는 이해하지 못함.	3
미제출		2

학교생활 기록부 기재 예시
AR을 활용하여 태양광과 LED가 분산되는 결과의 차이를 표현하고 이유를 설명할 수 있다. 이를 통해 교과서의 실험을 AR로 재구성하고 백색광이 여러 가지 빛으로 이루어져 있다는 사실을 증명할 수 있는 실험을 구성하고, 이를 바탕으로 이해한 내용을 논리적으로 설명하여 듣는 사람으로 하여금 동의를 이끌어 냄.

첨단 과학기술 속의 과학 원리를 찾아내는 탐구 활동을 통해 과학 지식이 활용된 사례를 추론할 수 있다.

NFC(근거리 무선 통신) 활용 수업

윤 자 영 선생님 (인천공항고등학교)

버스카드를 사용하거나 스마트 폰을 이용하여 카드 결제를 진행해 본 경험은 누구나 있을 것입니다. 과학 교사인 선생님은 이 원리를 대충 이해하실 겁니다. 바로 전자기 유도 현상인데요. 코일에 자기장이 변화하면 이를 방해하는 방향으로 전류가 생성되는 겁니다.

이 전자기 유도 현상은 활용도가 높아서 금속 탐지기, 도난 방지 장치 등이 만들어졌고, 기술이 더욱 발전하여 별도의 접촉 없이도 정보를 주고받을 수 있는 NFC 카드가 만들어졌습니다.

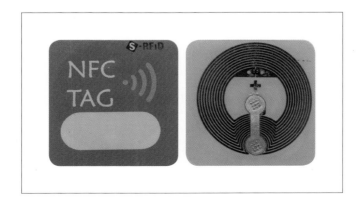

위 사진에서 보는 것과 같이 NFC 스티커는 크기가 점점 작아지고 있고, 전자기 유도 현상을 위해 뒷면은 코일의 형태로 되어 있습니다. 스마트폰의 기능 중에서 NFC 기능이 있는데 이 기능이 있는 스마트폰과 관련 앱을 이용하면 간단한 정보를 전달할 수 있습니다.

1. 접촉이 없어도 가능하다.
2. 양방향으로 정보를 송수신 가능하다.
3. 정보를 몇 번이고 다시 쓸 수 있다.
4. 크기가 작아 명함 등 간단하게 사용 가능하다.
5. 전자기 유도 현상을 이용한다.

NFC 활용 수업

❶ 스티커를 준비한다.

(인터넷 구입 시 1개에 약 700원)

❷ Play 스토어에서 NFC를 검색한 후 적당한 애플리케이션을 다운받는다(현재 아이폰은 기능 NFC기능 없음). 본 내용은 NFC tool 프로그램을 이용하였다. 여러 가지 기능이 있지만 URL 연결을 사용한다.

❸ 내가 연결을 원하는 URL(인터넷 주소)을 입력하여 쓰기 버튼을 누른다(유튜브 영상, 내가 올린 영상, 인터넷 주소 등).

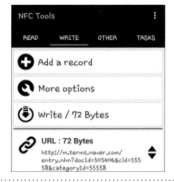

❹ write(쓰기) 버튼을 터치하고 NFC 스티커에 스마트폰을 가까이 가져간다.

❺ 보통 핸드폰 뒷면의 가운데 부분을 가져
가면 작업이 완료된다.

❻ NFC 기능이 있는 스마트폰을 가져가면
저장된 주소로 이동된다.

❼ 학생 2~3인 1조로 모둠을 운영하고 모
둠이 친구들에게 전달하고 싶은 내용의
주소를 넣은 NFC 스티커를 제작한다.

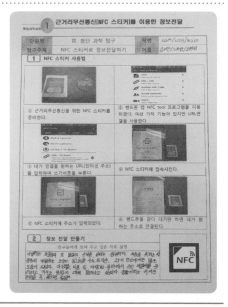

수업 진행 및 학습 결과물

과학탐구실험은 통합과학과 연계된 부분이 많습니다. 이 NFC 활용수업은 전자기 유도 현상을 이용한 것으로, 활동에 앞서 전자기 유도 현상을 이해하는 수업이 필요합니다.

통합과학에서 전자기 유도 수업이 이루어졌다면 바로 NFC 원리를 설명하고 NFC 스티커 제작에 들어가면 되고, 전자기 유도 수업이 이루어지지 않았다면 자석과 코일, 검류계를 이용하여 유도 전류의 생성을 잠시 확인하고, NFC 스티커 만들기를 하면 될 것입니다.

학생 작품 예시

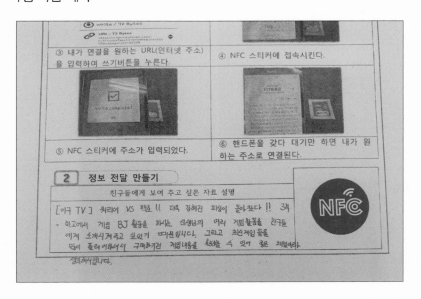

저는 학생들에게 자신들이 친구들에게 소개하고 싶은 영상이나 사이트를 정하고 여기에 연결할 수 있는 스티커를 제작하라고 했습니다. 학생들 대부분은 자신이 좋아하는 가수의 영상을 연결하였습니다. 좀 더 교육적으로 접근하고 싶다면 과학에 관련된 영상으로 한정하거나 차시(시간)를 더 배정하여 직접 제작한 영상(자신의 과학 소개 영상)을 올리고 이에 연결하는 것도 좋을 것 같습니다.

NFC 스티커는 생소하지만, 굉장히 간단한 방법으로 전자기 유도를 이해할 수 있는 수업입니다. 이 수업은 통합과학과 연계해서 하면 좋습니다. 먼저 통합과학에서 전자기 유도를 배운 후 원리를 간단히 설명하고 실습을 하는 것이죠.

수행평가 세부 척도안		
항 목	상세 채점 기준	점수
NFC 스티커를 이용한 정보 전달 (10점)	보고서 작성 우수하고, 오류 내용 없음, 소리의 정확성 모두 만족	10
	보고서 작성 우수하고, 오류 내용 없음, 소리의 정확성 1개 만족	9
	보고서 작성 보통이고, 오류 내용 없음, 소리의 정확성 모두 만족	8
	보고서 작성 보통이고, 오류 내용 없음, 소리의 정확성 1개 만족	7
미제출		4

학교생활 기록부 기재 예시
NFC(근거리 무선통신) 스티커를 이용하여, 친구들에게 우주의 시작이란 영상에 연결할 수 있는 보고서를 제작함. 전자기 유도 현상을 잘 이해하였고, 이를 잘 활용하는 기술이 있음.

과학탐구실험	10과탐02-02	NFC 소개 자료 만들기
인천공항고등학교 1학년 (　) 반 (　) 번		이름
성취기준	[10과탐03-01] 첨단 과학기술 속의 과학 원리를 찾아내는 탐구 활동을 통해 과학 지식이 활용된 사례를 추론할 수 있다.	

탐구활동1	NFC 원리 알기

◈ NFC(근거리무선통신) 이해하기

1. 접촉이 없어도 가능하다.
2. 양방향으로 정보를 송수신 가능하다.
3. 정보를 몇 번이고 다시 쓸 수 있다.
4. 크기가 작아 명함 등 간단하게 사용 가능하다.
5. 전자기 유도 현상을 이용한다.

◈ 전자기 유도 현상 이해하기

코일 주위에서 자석을 움직일 때 코일을 통과하는 자기장이 변하여 코일에 전류가 흐르는 현상
→ 자석이나 코일 중 하나만 움직여도 전류가 흐른다.

◈ 유도 전류

1. 전자기 유도현상에 의해 코일에 흐르는 전류(자석이 빠르게 움직일수록, 자석의 세기가 셀수록, 코일을 많이 감을수록 유도 전류가 세진다.)
2. 코일 속 자기장의 변화를 방해하는 자기장을 만드는 방향, 즉 자석의 운동을 방해하는 방향으로 유도 전류가 흐른다.

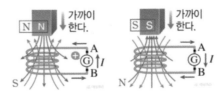

탐구활동2	NFC 소개 자료 만들기

① NFC스티커 사용법

	![Add a record screen] Text — Add a text record URL / URI — Add a URL record Custom URL / URI — Add a URI record Social networks — Add a social network link Video — Add a video link
① 근거리무선통신을 위한 NFC 스티커를 준비한다.	② 핸드폰 앱 NFC tool 프로그램을 이용하였다. 여러 가지 기능이 있지만 URL 연결을 사용한다.
	![Approach a NFC Tag screen]
③ 내가 연결을 원하는 URL(인터넷 주소)을 입력하여 쓰기 버튼을 누른다.	④ NFC 스티커에 접속시킨다.
	![XYY증후군 연결 화면]
⑤ NFC 스티커에 주소가 입력되었다.	⑥ 핸드폰을 갖다 대기만 하면 내가 원하는 주소로 연결된다.

② NFC소개 자료 만들기

친구들에게 보여 주고 싶은 자료 설명	NFC 스티커 붙이는 곳

첨단 과학기술 및 원리가 적용된 과학 탐구 활동의 산출물을 공유하고 확산하기 위해 발표 및 홍보할 수 있다.

미래 과학 인재를 위한 신재생에너지, 친환경 도시를 표현하는 창의적 모빌 만들기

김 경 민 선생님 (인천남고등학교)

과학 교사로서 과학을 좋아하는 학생들에게 이런 말을 자주 하곤 합니다.

"열심히 공부해서 미래에 꼭 훌륭한 과학 인재가 되어야 한다! 할 수 있어!"

그런데 요즘 과학 인재 되는 것이 그렇기 쉽지가 않습니다. 뉴스를 보니 미래의 과학 인재상은 창의적이면서도 융합적인 사고 능력이 있고, 소통과 협업 능력까지 갖춘 인재라고 합니다. 이제는 더 이상 공부만 잘한다고 해서 훌륭한 인재가 될 수 없나 봅니다.

사회는 급변하고 학생들이 갖추어야 할 역량들은 더욱 많아지고…. 그런데 교사인 저는 정작 학생들에게 과학 지식 말고 미래의 사회를 살아가는 데 필요한 역량을 길러 주고 있는지에 대한 의문이 들었습니다. 지식이야 스마트폰으로 10초면 찾을 수 있는데…. 과거에 지식을 얼마만큼 알고 있는가 하는 것이 능력이었다면, 이제는 널린 지식을 어떻게 찾고 활용할 수 있는가가 능력이 되어 버린 사회에 살고 있는 겁니다.

　　그런 미래를 살아갈 아이들에게 교사는 수업에서 무엇을 알려 줄 수 있을까요? 그런 고민에서부터 시작한 수업이었습니다.

　　학생들이 지식을 찾고 지식을 조합하며 조원들과 협업하여 창의적으로 새로운 산출물을 만들어 내는 수업. 그 과정에서 학생들에게 어떠한 배움을 줄 수 있었을까요?

　　'아이들이 잘할 수 있을까?' 하는 걱정이 무색할 정도로 아이들은 저의 예상보다 훨씬 더 창의적이고, 완성도 있는 결과물을 보여 주었습니다. 아이들의 창의성과 가능성을 봤던 그 수업, 지금부터 시작합니다.

🚩 수업자의 생각

교육의 패러다임이 변하고 있다. 표준화되고 객관화된 지식 전달 능력을 중시하는 교육에서 유연하고 창의적인 사고력, 서로 다른 지식을 융합할 수 있는 능력을 중시하는 교육으로의 변화가 일어나야 한다. 이러한 패러다임에 적합한 수업 중 하나가 바로 STEAM 수업이며 모빌 제작 활동은 대표적인 STEAM 수업 사례이다. 모빌의 균형을 맞추기 위해 수학적으로 생각하고, 모빌 장식을 만들기 위해 융합적인 사고를 하게 된다. 또한 공동의 과제를 해결하면서 협업 능력, 의사소통 능력 등을 키우게 된다.

토의 활동의 효율성을 높이고 역동적인 과학 수업을 위해 와이파이, 스마트 패드가 구축되어 있고 책상 배치가 자유로운 창의융합형 과학실을 활용하여 수업을 진행하였다. 여기에 증강현실(AR) 애플리케이션, 실시간 응답 조사 애플리케이션을 활용한 스마트 수업을 진행하며 학생들이 수업에 더욱 관심을 가질 수 있도록 하였다.

이 수업의 요점은 학습한 신재생에너지, 친환경도시에 대한 과학적 개념을 창의성을 발휘하여 모빌 형태로 표현하는 것이다. 2015 개정교육과정에서 과학탐구실험이 새롭게 신설되면서 학생도, 교사도 경험해 보지 못한 수업. 이 수업은 학생들의 창의성과 가능성을 믿고 이루어진 수업이었다.

수업 중 학생들에게 했던 말, "오늘은 '선생님, 이렇게 해도 돼요?' 질문하지 마세요. 그냥 그렇게 하시면 됩니다. 여러분의 창의성을 마음껏 보여 주세요."

1 수업 개요 --

| 학교급 | 고등학교 | 학년/학년군 | 1 |

| 교 과 | 과학탐구실험 | 대단원 | Ⅲ. 첨단 과학 탐구 |

성취 기준 **10과탐03-02**

첨단 과학기술 및 원리가 적용된 과학 탐구 활동의 산출물을 공유하고 확산하기 위해 발표 및 홍보할 수 있다.

평가 유형 산출물 평가, 발표 평가, 과정 평가

핵심 역량 의사소통, 공동체, 심미적 감성, 창의적 사고

평가 내용 신재생에너지를 사용하는 친환경 에너지 도시를 설계하고, 이를 표현하는 창의적 모빌을 제작할 수 있다.

수업 및 평가 절차

학습 단계	교수 학습 활동	비고 (평가 계획 등)
0차시	[사전조사] 신재생에너지 및 친환경 에너지 도시에 대한 사전 조사 과제	과제
1차시	신재생에너지에 대한 특징 조사와 모빌 제작에 대한 설계 - 스마트 장비를 활용하여 아이들의 참여를 높이고, 학생 중심 수업을 실천 - AR, Mentimeter(실시간 응답 조사 애플리케이션), prezi 활용	모둠 활동
2차시	신재생에너지, 친환경 도시를 표현하는 모빌 제작 및 발표 - 학습한 내용 및 과학적 개념을 창의적인 방법으로 설명하는 모빌을 제작함으로써 학생들의 창의적 사고, 융합적 사고 능력을 향상 - 수업을 통해 의사소통 능력, 표현력을 향상시킬 수 있는 기회 부여	모둠 활동 과정평가 산출물 평가 발표 평가
생활기록부 교과세부능력특기사항에 기록		

창의적 모빌 제작을 통한 신재생에너지, 친환경 도시 표현 활동 수업

1차시 신재생 에너지 관련 모둠 활동, 모빌 제작 안내 및 설계

사전과제 보봉, 빅토리아, 소매곡리 등 친환경에너지 도시에 적용된 신재생에너지에 대한 사전 조사 과제를 통해 신재생에너지의 종류와 활용 방법을 조사한다.

❶ 'AR'을 활용하여 풍력발전기의 원리를 이해하는 활동을 통해 신재생에너지에 대해 학생들의 동기를 유발한다.

❷ 신재생 에너지에 대한 조사 및 모둠 활동을 통해 주어진 학습지[첨부자료]를 작성한다.

➡ 사전 조사를 통한 거꾸로 수업 적용

❸ 실시간 응답 조사 애플리케이션인 'Metimeter' 애플리케이션을 활용하여 조사한 내용 실시간 평가한다.

❹ '친환경 에너지 도시', '신재생 에너지'에 대한 창의적 모빌 만들기 활동을 안내하고, 모둠별로 창의적 모빌 제작을 위한 설계 활동을 한다.

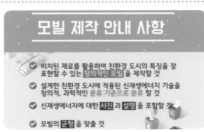

2차시 창의적 모빌 제작 활동, 결과물 발표

❶ 1차시에 모둠별로 제작한 신재생 에너지, 친환경 도시를 표현하는 창의적 모빌 설계안을 바탕으로 역할 분담 및 제작 계획을 수립한다.

❷ 모둠별로 신재생 에너지, 친환경 도시를 표현하는 창의적 모빌 제작 활동을 실시한다.

❸ 모빌 제작 과정에서 주어진 재료 외에 과학실에 있는 여러 재료를 활용하여 창의적인 모빌을 제작할 수 있도록 안내한다.

❹ 모둠별로 제작한 모빌에 대해 창의성, 과학성 등을 바탕으로 발표한다.

3 수업 디자인 --

1차시 : 신재생에너지에 대한 특징 조사와 모빌 제작에 대한 설계

단계	학습과정 (STEAM 준거 상황)	교수·학습 활동 상황
사전과제		▶ 사전 과제 안내 • 베드제드, 보봉, 빅토리아, 소매곡리 등 친환경에너지 도시에 적용된 신재생에너지에 대한 사전 과제를 통해 신재생에너지의 종류와 활용 방법을 조사한다. [학습지1]
도입 (8분)	동기유발 (상황 제시)	▶ 동기유발 • 화석 연료 사용으로 인한 환경 문제를 제시하여 신재생에너지의 필요성을 제시한다. [참고 자료1] • 'AR'을 활용한 풍력발전기의 원리를 이해함으로써 에너지 학습에 대한 동기를 유발한다. [참고 자료1]
전개 1 (15분)	신재생 에너지에 대한 특징 조사	• 신재생에너지에 대한 사전 과제와 추가 조사를 및 모둠 활동을 통해 신재생에너지에 대해 탐구한다. [학습지2] • 'Mentimeter' 애플리케이션을 활용하여 학생들의 신재생에너지에 대한 개념을 평가한다. • 교사의 추가 설명을 통해 각광받고 있는 신재생에너지인 '바이오에너지'에 대해 학습하고, 분리수거의 필요성을 인지한다.

단계	학습과정 (STEAM 준거 상황)	교수·학습 활동 상황
전개 2 (25분)	모빌 설계하기 (창의적 설계)	▶ **창의적 모빌 제작 안내** • 창의적 모빌 제작 활동에 대해 안내한다. – 비치된 재료, 과학실에 있는 재료를 가지고 친환경 도시의 특징 또는 신재생에너지에 대해 창의적이고 과학적으로 표현 및 분류할 수 있는 창의적 모빌 제작 – 신재생에너지에 대한 사진과 설명을 포함 – 모빌의 균형 유지 ▶ **창의적 모빌 설계** • 안내 사항을 바탕으로 모둠별로 제작할 모빌에 대해 계획을 세우고 설계한다. [학습지3] • 미러링 시스템, 화이트보드, 스마트 패드를 활용하여 학생들이 자유롭게 토의할 수 있도록 한다.
정리 (2분)	차시예고	▶ **정리하기** • 다음 차시에 설계한 모빌을 제작할 것임을 안내한다.

2차시 : 신재생에너지, 친환경 도시를 표현하는 모빌 제작 및 발표

단계	학습과정 STEAM 준거 상황	교수·학습 활동 상황
도입 (2분)	활동안내	▶ 창의적 모빌 제작 활동 안내 • 1차시에 조별로 설계한 내용을 바탕으로 모빌을 제작한다. • 모빌 제작에 사용할 수 있는 재료들을 테이블에 비치하고 조별로 필요한 재료를 자유롭게 선택하여 사용할 수 있도록 안내한다. • 역할 분담이 제대로 이루어지지 않으면 시간 안에 과제물을 수행할 수 없음을 강조하여 역할 분담이 제대로 이루어질 수 있도록 안내한다.
전개 1 (35분)	창의적 모빌 제작하기	▶ 모둠 역할 정하기(탐구 활동 시 혼란 방지) • 모둠별로 역할을 정한다. (역할 예시 ① 조장, 발표 ② 재료 챙기기 및 꾸미기 ③ 자료 조사 및 사진 인쇄 ④ 모빌 조립) ▶ 창의적 모빌 제작하기 • 주어진 역할을 수행하며 모둠별로 창의적 모빌을 제작한다. [사진 인쇄 담당]　　[재료 손질 담당]　　[모빌 조립 담당] • 교사는 교실 전체를 순회하며, 관찰 평가를 실시한다.

단계	학습과정 (STEAM 준거 상황)	교수·학습 활동 상황
전개 2 (10분)	발표하기 (감성적 체험)	▶ 창의적 모빌 발표하기 • 모둠별로 제작한 모빌을 천장에 매달고 모빌에 대한 전반적인 설명과, 모빌 장식의 분류 기준의 이유와 근거, 창의성, 과학성 등을 포함하여 발표를 한다.
정리 (3분)	내용정리 및 차시예고	▶ 정리하기 • 오늘 수업 과정에서 학습한 개념 외에도 창의성, 융합 적 사고력, 협업 능력 등 미래의 과학 인재상에 필요한 능력 개발의 중요성을 강조하며 수업을 정리한다.

모빌 제작 과정에 많은 시간이 필요하기 때문에 이 수업은 2차시 동안 해결하기에 벅찬 수업이 될 수 있습니다. 학생들은 다른 차시의 수업에서 미러링 장치, 스마트 패드, 휴대용 인쇄 장치 등 스마트 장비 사용법을 미리 숙지하여 장비 사용법을 익히는 시간을 줄였습니다. 또한 학생들에게 지속적으로 역할 분담과 협동의 중요성을 강조하며 시간을 효율적으로 사용하게 하여 무사히 2차시 안에 수업을 끝마칠 수 있었습니다. 물론 역할 분담이 제대로 이루어지지 않은 일부 모둠은 미완성 상태로 결과물을 제출하기도 하였습니다. 약간의 벅찬 과제를 제시하는 것은 조원들 간의 협동의 중요성을 느끼게 해 주는 데 도움이 됩니다.

이렇게 만드는 과정도 중요하지만 이번 수업에서의 핵심은 학생들의 발표입니다. 학생들이 어떤 생각을 가지고, 어떠한 내용을 표현하려고 했는지 귀 기울여야 합니다.

학생들을 전적으로 믿고 이루어졌던 수업이었습니다. '아이들이 잘할 수 있을까? 너무 어렵지 않을까?' 하는 걱정도 있었습니다. 수업을 설계하면서 학생들이 어떠한 모빌을 제작할 수 있을까 고민하며 아래 사진처럼 모빌을 만들어 보았습니다.

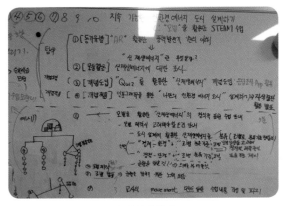

수업 설계하기

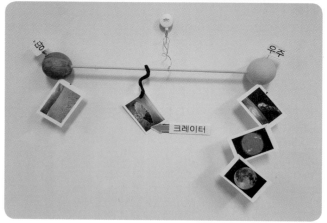

교사가 예비 수행한 모빌 작품

교사가 만든 작품과 아래 학생들이 만든 결과물을 비교해 보세요. 학생들은 교사의 기대를 뛰어넘은 모습을 보여 주기도 합니다. 학생들의 창의성, 가능성을 믿어 보세요. 수업에서 학생들이 창의성을 발휘할 수 있도록 기회를 주세요.

예시로 학생들에게 보여 준 교사의 작품이 부끄러울 정도로 학생들은 짧은 시간 동안 우수한 작품을 만들어 냈습니다. 더욱이 학생들의 발표를 듣고 있으면 표현력에 대한 감탄과 함께 학생들의 새로운 모습을 알아 가게 됩니다.

학생 작품 예시

지속 가능하지 않는 화석 연료와 지속가능한 신재생에너지로 나누어 표현한 모빌

태양에너지와 직접적으로 관련 있는 신재생 에너지와 그렇지 않은 신재생에너지를 표현 한 모빌

모빌의 균형에 중점을 두고 대칭 구조 형태에 맞게 신재생에너지를 분류한 모빌 작품

신재생 에너지의 에너지원의 종류에 따라 분류하고 모빌의 균형을 맞추기 위해 대칭 구조를 사용한 작품

학생 작품 예시

친환경 도시에서 공업, 여가, 에너지 재활용 등 목적에 따른 신재생에너지를 인공위성 형태의 모빌로 표현한 작품

다각형과 다면체의 구조를 활용하여 신재생 에너지를 분류하는 모빌 작품

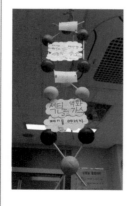

학생 발표 내용 중 발췌 1

저희 조는 DNA 구조를 이용한 모빌을 제작하였습니다. 기존 에너지인 화석 연료는 생물의 유기물로부터 만들어집니다. 신재생에너지 중 바이오 에너지 역시 생물체의 유기물에 저장된 에너지를 이용합니다. 다른 신재생에너지도 지속 가능한 형태로 생물들이 생태계 내에서 안정적으로 생활할 수 있도록 합니다. 이처럼 에너지와 생물은 큰 관련성이 있고 에너지를 생물의 DNA와 연결시켜 표현 (생략)

생활기록부 기재 예시

친환경 에너지 수업 후 결과물을 제작하는 모둠 활동에서 바이오 에너지에 초점을 두어 생물과 에너지 기술을 연관성을 강조하여 생물의 DNA 구조 형태를 모방하여 내용을 전달하는 창의적 모빌을 제작. 친환경 에너지 사례에 대해 조사하고 주어진 역할을 성실히 수행함으로써 조별 과제를 성공적으로 해결하는 큰 역할을 함.

학생 발표 내용 중 발췌 2

저희 조는 신재생 에너지를 신에너지와 재생에너지로 나누어 분류를 하였습니다. (중략) 모빌의 균형을 맞추기 위해 여러 도형들의 무게 중심을 찾고 무게 중심 부분을 실로 매달아 균형을 잡으려고 하였습니다. 하지만 사진과 설명표를 부착하는 과정에서 무게 중심이 흐트러져 저희가 예상한 대로 되지는 않았지만 (생략)

생활기록부 기재 예시

친환경 도시 설계하기 수업 후 창의적 모빌 만들기 활동에서 다른 모둠과는 차별화하여 수업 내용을 종합하여 친환경에너지에 대해 에너지 혁신과 기술 혁신이라는 새로운 측면의 분류 기준으로 에너지를 분류하는 모빌을 제작함. 모빌의 제작 과정에서 역학적 구조를 고려하여 도형의 무게 중심을 계산하여 실을 달아 가며 수학적으로 접근하는 모습을 보임.

과학탐구실험 모둠 활동지

○○고등학교 1학년 (　　)반 (　　)조	학번	이름	

주제	지속 가능한 친환경 에너지 도시 설계하기
활동목표	· 친환경 에너지 기술에 적용된 첨단과학 기술의 특징을 설명할 수 있다. · 친환경 에너지 기술을 적용하여 지속 가능한 친환경 에너지 도시를 설계할 수 있다.

Ⅰ. 친환경 에너지 도시에 적용된 첨단 과학 기술을 조사하여 구체적으로 작성하시오.

구분	첨단 과학 기술
베드제드	
보봉	
빅토리아	
소매곡리	

과학탐구실험 모둠 활동지

○○고등학교	학번	이름		
1학년 ( )반				
( )조				

주제	지속 가능한 친환경 에너지 도시 설계하기
활동목표	· 신재생 에너지의 종류와 특징을 조사하여 설명할 수 있다. · 신재생 에너지를 사용하는 친환경 도시를 설계하고, 이를 표현하는 창의적 모빌을 제작할 수 있다.

Ⅰ. 다음은 신재생 에너지의 특징을 정리한 내용입니다. 교과서와 태블릿 PC 검색을 통해 알맞은 내용을 적어 넣거나, 골라봅시다.

종류	신재생 에너지의 특징
태양광발전	- (태양전지)를 이용하여 태양의 (빛) 에너지를 전기에너지로 전환한다. - 환경오염이나 폐기물이 (많이 발생한다. <u>거의 발생하지 않는다.</u>) - 수명이 길고, 유지 비용이 적으며, 소규모로 사용할 수 있다. - 초기 설치비용이 (<u>많이 든다</u>, 적게 든다) - 날씨나 계절에 따라 발생하는 전력이 (일정하다, <u>차이가 크다</u>).
태양열발전	- 태양 (열)을 이용하여 직접 난방을 하거나, 전기에너지를 생산한다.
풍력발전	- 바람의 (운동) 에너지로 터빈의 날개를 돌려 전기에너지를 얻는다. - 바람이 지속적으로 많이 부는 높은 산, 바다 등에 설치한다. - 오염 물질을 거의 배출하지 않는다. - 풍향, 풍속에 따라 발전되는 전력이 (일정하다, <u>일정하지 않다.</u>)
파력발전	- (파도)의 운동에너지를 전기에너지로 전환시킨다. - 오랫동안 사용할 수 있고, 넓은 지역에 사용할 수 있다. - 발전되는 전력이 시간에 따라 (일정하다, <u>일정하지 않다.</u>)
조력발전	- (밀물)과 (썰물)에 의해 생기는 바닷물의 높이차를 이용하여 전기 에너지를 생산한다. - 발전에 드는 비용이 저렴한 편이며, 오랫동안 이용할 수 있다. - 갯벌이 파괴되어 해양 생태계에 영향을 미칠 수 있다.
연료전지	- (수소)와 (산소)를 반응시켜 (전기)에너지와 (열) 에너지를 얻는다. - 발생하는 폐기물이 (물)이므로 환경오염이 없다. - 별도의 발전기 없이 (화학)에너지로부터 직접 전기 에너지를 얻으므로 효율이 (<u>높다</u> / 낮다). - 폭발하기 쉬운 (수소)는 저장하기 어렵고 발전 비용이 많이 드는 편이다.
추가 조사 바이오 에너지 등	

과학탐구실험 모둠 활동지

2. 신재생에너지를 사용하는 친환경 에너지 도시를 설계하고, 이를 모빌로 어떻게 표현할지 구상해봅시다.(마인드 맵, 인포그래픽 등의 자유 형식)

[학생 예시]

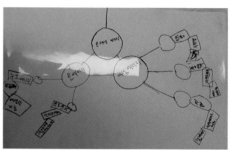

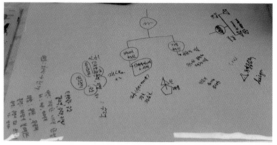

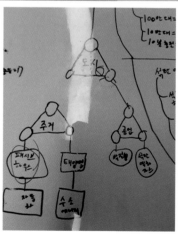

  수행평가와 함께 이루어졌던 수업이다 보니 기본점수가 포함되어 있습니다. 과정 평가는 제작 과정에서 순회 지도하며 평가를, 발표 평가는 학생들이 발표하는 과정에서 평가를, 산출물 평가는 수업이 끝난 후 모빌을 천천히 관찰하며 평가가 진행되었습니다.

수행평가 세부 척도안

항목	상세 채점 기준	점수
산출물 평가 (5점)	창의성, 완성도, 신재생에너지 7가지 이상을 포함한 산출물	5
	창의성, 완성도, 신재생에너지 7가지 이상 중 한 가지가 미흡함	4
	창의성, 완성도, 신재생에너지 7가지 이상 중 두 가지가 미흡함	3
	미완성	2
	미제출	1
발표 평가 (5점)	과학적 개념, 창의성, 모빌의 특징(분류 기준)을 모두 포함하여 설명	5
	과학적 개념, 창의성, 모빌의 특징(분류 기준) 중 2가지를 포함하여 설명	4
	과학적 개념, 창의성, 모빌의 특징(분류 기준) 중 1가지를 포함하여 설명	3

항목	채점 기준	점수		
		그렇다	보통이다	아니다
과정평가 (5점)	역할 분담이 균등하게 배분되었는가?	2	-	1
	자신의 역할을 성실하게 수행하는가?	3	2	1

수업 관련 Prezi 자료

https://prezi.com/et-iukijz_9q/presentation/

창의적 모빌 만들기 활동에 사용한 준비물(학교 여건에 따라 다양하게 구비)

스티로폼 구(여러 사이즈), 물감, 붓, 다양한 색깔 끈, 오뎅 꼬치, 나무젓가락, 연필 깎기, 종이컵, 플라스틱 컵, 휴대용 인쇄 장치, 스마트 패드, 휴대용 화이트보드, 칼, 가위, 테이프, 고무줄, 색종이, 고리 링, 펀치, 과학실에 있는 기타 소모품

창의적 모빌 만들기 활동에 사용한 스마트 장비

휴대용 인쇄장치

스마트 패드, 휴대폰과 블루투스로 연결하여 인터넷에서 찾은 그림을 바로 인쇄 가능하게 하는 장치

미러링 장치

미러링 장치를 LCD 모니터에 꽂고 스마트 패드의 화면을 미러링하여 학생들의 토의 활동을 효율적으로 진행하도록 도와주는 장치

수업에 활용한 AR애플리케이션

'풍력발전기의 구조' 애플리케이션 설치 후 애플리케이션에서 QR 코드를 인식시키면 풍력발전기가 증강현실 되어 나타나 풍력발전기의 구조를 살펴볼 수 있음 (사이언스 레벨업-https://sciencelevelup.kofac.re.kr/)

Chapter 3

╳

╳

╳

변화하는 시대,
교사는 어떻게 변해야 할까?

어떤 수업으로
바뀌어야 할까?

세상이 변했습니다. 정말 많이도 변했습니다. 가장 변할 것 같지 않던 학교도 변했습니다. 학생도 변했고, 교육도 변했습니다.

저는 2004년부터 교사가 되었으니 올해로 16년째가 됩니다. 많지도 적지도 않은 딱 적당한 수준이라 생각합니다. 학교가 변한 이야기를 하고 싶습니다. 모든 교사가 느끼는 것이겠지만, 학교에서 가장 많이 변한 것은 학생입니다. 제가 학교를 다니던 시절의 이야기는 생략하겠습니다. 단지 세상이 바뀔 것 같은 2000대 초반과도 비교하여 많은 변화가 있었고, 그 변화는 근래에 올수록 가속화되었습니다.

먼저 학생들의 변화를 이야기해 보겠습니다. 요즘 학생들은 선생님을 전통적인 교사로 생각하지 않습니다. 모든 학생이 그렇다는 것은 아니지만 분위기가 그렇다는 겁니다. 2010년 이런 일을 겪었습니다.

학생이 학교 어딘가에서 담배를 피운다는 첩보를 듣고 저는 미리 그곳에 가서 숨어 있었습니다. 쉬는 시간 종이 울리자 학생 두 명이 왔습니다. 평소 문제아인 학생들이었죠. 담배를 꺼내고 한 개비를 꺼내 입에 물었습니다. 저는 현행범을 체포하겠다는 일념으로 달려 나가 학생의 팔목을 잡았습니다.

"그럼 그렇지. 너희들을 담배 피운 현행범으로 체포한다."

한 학생이 고개를 빳빳이 들고 대꾸했습니다.

"무슨 소리세요? 저희는 담배를 피우지 않았습니다."

도대체 이게 무슨 소린가? 어쩜 이리 뻔뻔함을 보일까? 저는 화가 나서 소리쳤습니다.

"그럼 이건 담배가 아니야?"

"아니, 선생님이 지금 현행범이라고 했는데, 우리가 언제 담배를 폈습니까? 들고만 있었지."

학생들의 이론은 불을 붙이지 않았으니 피우지는 않았다는 것입니다. 피가 거꾸로 솟아오를 만한 일이지요.

교직원용 화장실에서 만난 학생에게 왜 학생용을 가지 않고, 교직원용 화장실에 들어오느냐는 질문에는 휴지가 여기 있어서, 비데가 여기 있어서라는 대답을 합니다. 오히려 왜 선생님들만 좋은 화장실을 쓰냐고 합니다.

왜 우리가 선생님들이 사용하는 교무실 청소를 해야 하며, 선생님은 화장을 하면서 왜 우리는 화장을 하지 못하게 하냐는 것이 학생들의 주장입니다.

나보다 경력이 많은 교사가 선생님들이 같이 먹을 과일을 깎고, 뒷정리를 하라고 하면 어떨까요?

정도의 심함은 있겠지만, 같은 이야기일 수도 있습니다. 조금 민감한 이야기였지만, 저는 변화를 인정하고 받아들이자는 이야기를 하고 싶어 그랬습니다. 세상이 변한 것만큼 학생이 변했고, 교육 방법이 바뀌고 있습니다.

우리는 옛것만 고수하고 변화하는 학생이 교육방법이 나쁘다고만 한탄하고 있어야 할까요? 위에서 제시한 학생들의 예시는 뒤에서 말하기로 하고, 교육의 변화에 대해 이야기하겠습니다. 2015 개정교육과정은 바른 인성을 함양한 창의융합형 인재를 양성한다는 큰 목적 아래 학습 내용을 싹둑싹둑 잘라 버렸습니다. 심지어 심화 과목(물, 화, 생, 지 Ⅱ과목)도 진로 선택으로 바꾸고 상대평가도 없애 버렸죠. 학습내용은 줄이고 도움이 되지 않을 것 같은 탐구활동만 늘려 났습니다. 지식 위주의 암기식 평가를 지양하고 학생들의 성장을 확인할 수 있는 과정 평가를 하라고 합니다.

학생들의 배움을 위한 수업도 우후죽순처럼 쏟아져 나오고 있습니다. 하부루타 방법, 배움의 공동체 수업, 거꾸로 수업 등 교사들이 따라가기도 전에 새로운 것이 나옵니다. 수업—평가—기록의 일체화라는 이야기를 쓴 책이 100권도 넘습니다.

변화하라는 이야기에 교사는 스트레스가 넘쳐나죠. 교사들도 변화하고 싶은 마음은 있습니다. 하지만 방법을 모르겠고, 배움 중심 수업이 정말 학생들에게 도움이 되는지도 모르겠습니다.

저는 일련의 과정이 필요하다고 생각하는데 제 생각은 그림과 같습니다. 일단 변화하고자 하는 마음이 있어야 하는데 누군가에게 보여 주고 싶은 수업을 만드는 것이 그 첫 번째 변화였죠. 이제 수업을 바꾸고 설계하는 것에는 재미를 느꼈습니다. 그러다 보니 학생의 배움을 생각하게 되었고, 다양한 활동을 할 수 있었습니다. 수업이 재미있어지니 학생들과의 관계도 점점 좋아졌죠. 하지만 매일 학생 중심 수업을 할 수 있는 것이 아닙니다. 그럼 우리 교사들은 어떻게 해야만 하는 것일까요?

제가 느끼고 깨달은 이것을 선생님께 어떻게 설명할지, 과연 잘 전달될지 고민하다가 소설을 써 봤으니 다음을 읽어 보세요.

소설로 보는 교사의 변화

수업문답

본 글은 존경하는 실학자 홍대용 선생의 「의산문답」을 오마주 한 작품입니다.

칠판서(七板書)는 학교에서 가르치기를 30년이 되자 교과서도 없이 수업을 진행할 수 있게 되었고, 수업 방법을 통달하였으며, 나아가 교육의 깊은 뜻을 꿰뚫고 이해하였다. 이에 동료 교사들에게 자신의 교육 방법을 말하였으나, 요즘 세상에는 통하지 않는다는 말을 많이 들었다.

"경력도 적은 자들과는 수업에 대해 이야기할 수 없고, 옛것을 지키지 않고 새로움만을 좇는 자들과는 교육의 큰 뜻을 말할 수가 없구나."

판서는 이렇게 말하고 행장을 꾸려 나섰다. 저 멀리 배움의 산에는 학교 교육에 초월한 이가 은거한다는 소문이 있었다. 판서는 그러면 대화가 통할 것이라 생각했다.

배움의 산에 오르니 동굴이 하나 있었는데 '스승이 거처하는 곳'이라고 쓰여 있었다. 판서가 기침하고 들어가자 한 사람이 앉아 있었다. 판서는 이 사람이 교육에 초월한 이라고 생각하고 나아가 절하고 앉았다.

"선생께서 학교 교육에 초월한 분이십니까?"

"교육이 무언데 초월을 논하는가? 자네가 생각하는 학교 교육은 무엇인가?"

"그야 국가가 정해 놓은 교육 과정이 있습니다. 그것을 교수자가 적절한 방법으로 학습자에게 가르치는 것이 아닙니까?"

"그렇다. 그런데 무엇 때문에 나를 찾아왔는가?"

판서는 깊은 한숨을 내쉬며 말했다.

"요즘 학교에서 일어나는 일들을 보고만 있을 수 없어 이렇게 길을 나섰습니다."

"자네 얼굴빛을 보니 불만이 가득하구나. 내 자네 불만을 맞혀 보지. 자네는 주로 강의식으로 교육을 하는구나. 한데 요즘 교육은 학습자 중심, 배움 중심 교육이다. 자네의 교육관과 맞지 않아 불만이지?"

판서는 자신의 불만을 알아챈 것에 놀랐다. 역시 교육에 초월하다 못 해 사물의 이치와 마음을 꿰뚫는 경지에 이르렀다고 생각했다.

"역시 아시는군요. 선생은 소문대로 모든 것을 초월하셨군요."

스승은 고개를 좌우로 흔들고 말했다.

"사람이 어찌 모든 것에 초월한단 말이냐. 자네가 학교 교육에 대하여 물으며 날 찾으니 교사인 것을 알겠고, 자네의 옷 곳곳에 분필 자국이 묻어 있는 것으로 칠판 위주의 강의식 수업을 하는 것을 알 수 있었다."

판서는 별것 아니었지만 그래도 감탄할 수밖에 없었다.

"자네의 나이를 추측건대 50대 중반이겠구나. 그럼 교육 경력은 30년 정도

될 것이다. 강의식 수업을 하는 자네가 불만 있는 얼굴로 날 찾아왔다면 요즘 교육에 불만이 있는 것이 아니고 무엇이겠는가?"

판서는 스승의 놀라운 말에 고개를 한 번 조아렸다. 이런 사람이라면 자신과 교육에 대해 논할 수 있을 것 같았다.

"맞습니다. 요즘 학교에는 배움 중심 수업이라는 명목하에 거꾸로 수업, 하브루타 토론법 등 새로운 수업 방법이 쏟아져 나오고 있습니다. 그런 수업이 옳은 것만은 아닐진대 사람들은 강의식 수업을 하는 저를 깔보고 있습니다."

"자네는 강의식 수업이 최고라고 생각하는 것 같은데. 그런가?"

"당연하지요. 옛날부터 내려왔으니까요."

"그런데 자네가 수업하면 학생들은 왜 자는 것이냐?"

"그것은 제 문제가 아니라 학생들의 문제이지요. 공부 잘하는 학생들은 눈에 불을 켜고 열심히 필기합니다."

"자네 말에 따르면 자는 학생들은 무기력하니 자는 것이구나?"

"당연하지요. 이미 틀려먹은 학생입니다."

"그렇구나. 그럼 자네가 생각하는 강의식 수업의 장점은 무엇인가?"

"당연히 내용 전달입니다. 교과서에는 많은 지식들이 있습니다. 방대한 지식을 전달하는 데는 강의식이 최고지요. 칠판에는 우리가 암기해야 할 핵심 내용들을 판서합니다. 학생들은 그것만 외우면 수능을 잘 치를 수 있고, 목적인 대학에 합격할 수 있습니다. 하지만 요즘 나오는 배움 중심 수업은 많은 양을 가르칠 수 없습니다. 언제 실험을 해서 원리를 파악하고, 질문을 하고 그것을 깨달을 때까지 기다리겠습니까? 이런 교육 풍조 때문에 학생들도 이상해졌습니다. 도대체 예의라고는 찾아볼 수가 없습니다. 머리는 노랗게 물들이고 얼굴에는 화장이 진합니다. 수업 시간에 엎드려 있는 것을 깨울라치면 욕설을 하지요."

판서는 교육에 불만이 쏟아지기 시작하자 흥분을 주체하지 못했다. 스승은 이를 진정시키며 말했다.

"진정해라. 그럼 하나씩 하나씩 이야기해 보자. 먼저 교육에 대해 말해 보자. 자네는 학교 교육의 최종 목적지가 대학이라고 생각하는가?"

"당연하지요."

스승은 판서를 보며 고개를 절레절레 흔들었다.

"어리석구나. 그것도 일류 대학을 말하겠지?"

"국어, 수학, 영어, 과학, 사회 이런 이론과 내용을 왜 배우겠습니까? 당연히 일류 대학을 가기 위함이 아니겠습니까?"

"좋다. 일류 대학을 가기 위함은 판검사, 의사, 일류 대기업에 들어가기 위해서겠지? 즉, 사회에 나가 높은 위치에 서고 싶은 게로구나."

당연한 소리에 판서는 고개를 끄덕였다.

"좋다. 너는 뉴스를 보느냐?"

"그렇습니다."

"뉴스에는 주로 안 좋은 소식이 나오지. 정치인들의 문제는 어떻게 생각하느냐?"

판서는 주먹으로 바닥을 꽝 치고는 말했다.

"나쁜 놈들이지요. 국민의 혈세를 낭비하고, 저들의 이익을 위해서라면 불법을 자행하니까요."

"그 사람들의 출신은 어떠하느냐?"

그렇다. 소위 말하는 엘리트 코스를 거친 사람들이다. 일류 고등학교, 대학교를 거쳐서 지연, 학연으로 묶여 있었다.

"자네가 그렇게 열심히 가르쳐 일류 대학을 보내 놓은 학생들이 저렇단 말이다. 우리 사회의 대부분은 학연, 지연에 얽매여 있다. 국회의원, 장차관, 대기업 간부, 언론사 간부 대부분이 일류 대 출신이다."

마음 한쪽에서 찌르는 느낌이 들었지만, 일부를 가지고 전부를 판단할 수는 없는 것이다.

"저 사람들은 일부가 아닙니까? 좋은 일을 하는 사람도 많을 것입니다."

"그렇겠지. 그럼 다른 이야기를 해 보자. 대학생들은 자신들의 대학 로고가 들어간 잠바를 자랑스럽게 입고 다닌다. 심지어 대학교 이름 옆에 고등학교 이름까지 새겨 넣는다고 하는데, 이것은 자신이 우월하고자 하는 서열의식에서 나오는 것이다. 고등학교에서는 공부 잘하는 학생을 면학실에 넣고 내신을 관리해 준다. 어려서부터 이런 교육 불평등에 키워진 산물이 아니면 무엇이더냐! 오직 강의식으로 대학을 들어가기 위해 입시 교육을 하는 자네도 사회 불평등의 원인이 아니겠는가?"

판서는 뜨끔했지만, 반발심이 앞섰다.

"그게 어떻게 제 잘못입니까? 그렇게 나쁜 사람들로 변한 학생들이 잘못된 것이죠."

"어리석은 자여. 아직도 학생 탓만 할 테냐. '10분 더 공부하면 마누라 얼굴이 바뀐다.'라는 급훈이 인터넷에 돌아다니던데 어떻게 생각하느냐?"

"그것은 공부를 열심히 하라는 해학적 표현 아니겠습니까?"

"그렇다. 뜻은 알겠다만 저런 급훈은 성희롱이기도 하고, 공부를 잘하고 일류 대학, 일류 직장을 가진 사람부터 예쁜 여자와 결혼한다는 서열의식을 심는 것이다. 우리 교사들이 사회 불평등을 조장하고 있어. '대학 가서 미팅할래, 공장 가서 미싱 할래.' 이 급훈은 어떠하냐?"

판서는 스승의 말이 어느 정도 이해가 되었지만 아직 아리송한 마음도 많았다. 스승은 이를 알아챘는지 다음 말을 이어서 했다.

"예전에 텔레비전 프로그램에서 남자 키가 180 cm 이하면 루저라고 했다. 물론 현재 입대하는 대한민국 남자 평균키가 174 cm라고 하니 대부분의 사람은 루저가 되겠다. 특히, 자네를 보니 평균 키에도 못 미치니 한참 모자라겠구나."

판서는 주먹을 불끈 쥐었다. 얼굴이 붉어지고 목에 핏대가 섰다.

"말을 가려 하십시오. 그 문제는 당시에도 큰 반향을 일으켰었습니다. 태어나기를 그렇게 태어났는데 그것을 루저라고 차별을 하다니요."

"진정하게나. 자네를 이해시키기 위해 어쩔 수 없었다. 키가 작다고 해서 루저라고 판단해서는 당연히 안 된다. 하지만 사회에서도 공부 못한다고, 학벌이 낮다고 차별을 하고 있다. 헌법에도 분명히 명시되어 있지만 우리 의식이 이를 인정하는 것이 아니고 무엇이겠는가?"

스승의 말은 고등학교의 서열화 교육이 대학의 서열화를 낳고, 그것이 사회의 지위에까지 영향을 미친다는 말인 것 같았다.

"자네, 아이가 있느냐?"

판서에게는 딸이 하나 있었다. 갑자기 딸을 생각하니 저도 모르게 한숨이 터져 나왔다. 중학교 때에는 공부를 웬만큼 했는데, 고등학교에 올라가서는 따라가지 못하고 있었다. 판서는 그런 딸에게 싫은 소리를 많이 하게 되었고, 지금은 데면데면하게 지내고 있다.

"딸이 하나 있습니다. 고등학생인데 공부를 죽어라 하지 않고 있어 제 속을 썩이고 있습니다."
"아직도 공부 이야기구나. 둘의 사이가 좋은가? 내가 보기에는 좋지 않을 것 같다."

판서는 대답할 수가 없었다. 좋다고 할 수는 없기 때문이다.

"자네는 딸을 사랑하는가?"
"무슨 소리를 하고 싶은 것입니까? 자식을 사랑하지 않는 사람이 어디 있습니까?"
"그렇다면 좋다. 자네의 딸은 몇 학년 몇 반인가?"

판서는 기억을 더듬었다. 그래도 자신이 교사인지라 학교 담임선생을 만난 기억이 있었다.

"2학년 7반입니다."
"그럼 몇 번이더냐?"

"몇 번이요? 그건 모릅니다."

"딸이 좋아하는 가수가 있을까?"

"그딴 거 모릅니다."

"가장 친한 친구는? 좋아하는 음식은? 주말에는 무엇을 하는지 아는가?"

판서는 대답할 수 없었다.

"공부는 몇 등 하더냐?"

어느 날부터 성적표를 숨겼지만 그 학교에 아는 교사가 있어 전화했었다. 딸애의 성적은 중간 이하였다. 화가 나 소리쳤다.

"그래요. 제 딸은 공부를 못합니다! 지금 교육을 논하러 왔는데, 남의 가정사를 이야기합니까?"

"진정해라. 난 교육을 이야기하고 있다. 자네는 딸이 태어났을 때를 기억하는가?"

당연히 기억이 난다. 어느 누가 자식 낳을 때를 잊겠는가? 탯줄을 직접 잘랐고, 내 품에 안겨 새근새근 자던 내 딸을….

"자네의 얼굴에 주름이 펴지고 미소가 지어진다. 딸을 진심으로 사랑하는구나. 아이가 어렸을 때를 기억해라. 아이가 웃는 모습을 생각해 보거라."

판서는 옛 기억을 더듬었다. 세숫대야에 작은 몸을 넣고 물장난 치는 모습이 생각났다. 꺄르르 웃는 모습에 판서의 얼굴 근육도 위로 올라갔다.

"아이의 몸이 조그마합니다. 세숫대야에 앉아 있는데 아이 몸에 비하니 목욕탕처럼 큽니다. 딸은 거기서 물장구치는 것을 좋아합니다. 손으로 물을 내리치고 물이 얼굴에 튀자 입을 크게 벌리고 웃습니다. 이가 4개가 났는데 너무 귀엽습니다."

"그렇구나. 그렇게 귀엽고 사랑스러운 아이구나. 아이가 어떤 음식을 좋아하느냐?"

"딸애는 크림빵을 좋아했습니다. 빵집에 가면 항상 크림빵을 집곤 했습니다."

"거봐라. 관심을 가지니 기억나지 않느냐. 그런 아이가 죽을병에 걸리면 어떻겠느냐."

그런 것은 상상하기도 싫어 고개를 세차게 흔들었다. 그는 내가 대신 병을 앓겠다고 신에게 기도할 것이라고 생각했다.

"아까 말한 것처럼 우리 사회는 학벌에 따라 차별을 받는다. 자네 딸은 공부를 못한다고 하니 사회 나가면 어떻게 될까? 그런 소중한 아이가 사회로부터 불평등을 받으면 어떻겠느냐? 단순히 일류 대가 아니라서 면접 기회조차 없다면 어떻겠느냐는 말이다. 학벌이 낮아서 남자 쪽 집에서 결혼을 허락하지 않아 괴로움을 느끼면 어떻겠느냐?"

판서는 알고 있었다. 그러기에 더욱 공부하라고 딸애를 다그친 것이었다.

"그러기에 공부를 했어야지요."

"어리석은 생각이 바뀌지 않는구나. 지금 같은 상황에서는 상위 5%의 삶만 보장받는다고 생각해 보자. 95%는 차별을 받게 된다. 하지만 우리 사회의 의식이 변한다면 어떻게 될까?"

"알고 있습니다. 하지만 지금의 입시제도가 바뀌지 않는다면 학교 교육도 변하지 않을 것입니다."

"좋다. 너는 수시와 정시 가운데 어떤 교육이 옳다고 보느냐?"

"정시입니다. 자신이 노력하면 시험을 잘 보고, 대학에도 들어갈 수 있기 때문입니다."

"이런 소리가 있더구나. 생명과학 시험 문제를 전국의 교사들이 풀어도 1등급을 맞는 교사가 거의 없을 거란다. 최고 난이도 문제가 계산 문제처럼 아주 어렵다는구나."

판서도 들었던 이야기다. 과탐 과목의 1등급을 만들기 위해서 최고 난이도 문제를 출제하고 있다는 것을 말이다.

"1등급을 나누기 위해서입니다. 물론 입시제도 때문에 등급을 나눠야 하기 때문입니다."

"학생들을 가르치는 교사도 못 받는 1등급을 학생들이 어떻게 받느냐?"

"학원에서 기계적으로 문제를 풀고 방법을 익힌 재수생이 푼다고 합니다."

"그럼 좋은 학원이면 그 방법을 더 알려 주겠구나?"

"그렇겠지요."

"좋은 학원에는 일류 강사가 있을 테고, 일류 강사가 있는 학원이라면 학원비가 비싸겠지? 더군다나 재수라고 하면 돈 있는 집안의 자식들이 정시에서 유리한 것이 아니냐?"

"그것은…."

"수시가 돈이 많아야 들어간다는 말도 일리가 있다. 하지만 수시가 아니었다면 저 지방의 학생이 일류 대학을 어떻게 들어가겠느냐? 비록 공부는 잘하지 못했지만 시골에서 3년 동안 구들장을 연구한 학생이, 컴퓨터를 좋아해서 버스 시간표 애플리케이션을 개발한 학생이 일류 대를 들어간 이야기는 알고 있겠지?"

판서는 입이 있지만 대구할 수가 없었다. 조목조목 맞는 말이기 때문이었다.

"자, 그럼 네가 가지고 온 강의식 수업 문제를 생각해 보자. 자네는 교과 세부 능력 및 특기 사항에 무엇을 기록해 주는가?"

판서는 생각에 잠겼다. 1등급 학생에게 기록을 해 주고 있지만, '열심히 하는 학생이다.', '전공 수준의 지식을 겸비했다.'라는 두리뭉실한 이야기뿐이었다. 한번은 한 학생이 대학 면접에서 면접관이 전공 수준의 책을 읽었다고 했는데, 어떤 책을 읽었는지 소개해 달라고 했단다. 학생은 대답하지 못했고, 결국 대학 에 떨어졌다. 물론 떨어진 것이 자신 때문은 아니겠지만 미안한 적이 있었다.

"하고 싶은 이야기가 무엇입니까?"
"네 얼굴이 붉어지고 목소리에 힘이 없는 것이 무슨 사연이 있구나. 네 강의 식 수업이었다면 특별히 기록할 것도 없었겠지. 강의식 수업은 어쩌면 수능에 적합한 수업이라고 할 수 있겠다. 수업이 바뀌어야 학생들의 재능을 파악하고 그것을 기록할 수 있는 것이다. 네가 불만을 가져왔던 배움 중심 수업은 이러한 변화에서 나온 수업이 되겠다."
판서의 마음은 많이 무너져 내렸지만 마지막 남은 자존심이 이를 막아섰다.
"그럼 언제 그 많은 이론을 가르칩니까? 교육 과정에는 가르쳐야 할 이론들 이 분명히 있습니다."

"어리석은 자여. 여태 이야기를 헛들었나? 네가 강의식 수업을 하면 20%의 학생들만 이해를 한다. 80%의 학생에게서 교육이 이루어지지 않았는데, 강의식 수업으로 이론들을 모두 가르친들 무슨 소용이냐. 차라리 80%의 학생에게 내용을 반만 가르치더라도 더 많은 배움이 이루어진 것이 아니더냐? 이제 교실의 모든 학생에게 눈을 돌릴 때다. 네 딸을 생각해라. 교실에서 소외되는 학생이 있어서는 안 되는 것이다."

판서는 자신의 딸을 생각했다. 자신이 교실에서 무시했던 학생들처럼 자신의 딸도 교실에서 배움에 대해 소외당했을 것이다.

판서는 이제야 깨달았다. 교실에서 잠만 자고 있는 학생도 누군가에게는 귀한 자식이 된다는 것을…. 하지만 강의식으로 30년을 수업해 왔다. 무엇을 어떻게 바꿔야 한단 말인가?

"모르겠습니다. 수업을 어떻게 바꿔야 하는지 방법을 모르겠습니다."

"그래. 이제 배울 준비가 되었구나. 「2015개정교육과정」도 이러한 문제를 덜어 주고자 성취 기준에 해당하는 활동을 제시한다. 먼저 그것을 시도해 보고자 노력하길 바란다."

판서는 진심으로 바꿔 보고자 마음을 다잡았다. 고개를 조아리며 말했다.

"네, 알겠습니다. 비록 쉽지는 않겠지만 진심을 다해 소외된 학생이 없도록 살피겠습니다."

"허허허. 마음이 기특하구나. 내 나만의 교육 비법을 알려 주겠다. 교육의 목적은 여러 가지가 있다. 난 지금까지 네게 이론적 이야기만 했지만, 나의 비법은 따로 있다. 자, 모둠 수업을 한다고 치자. 이론적으로 모둠 수업으로는 협동력, 의사소통 능력을 키울 수 있다. 하지만 그 모둠에 어제 싸운 친구가 있다고 생각해 보자. 어쩔 수 없이 모둠 수업을 하게 되었고, 문제를 해결하는 과정에서 화해를 하게 되었다면 수업에서 뜻하지 않은 효과를 얻은 셈이다. 이처럼 학교는 고등생물의 세포처럼 복잡하고 많은 일이 일어나는 공간인 것이다."

"그렇군요. 선생께서 하신 구체적인 예시를 들어 주실 수 없겠습니까?"

"허허. 좋다. 나는 고등학교에서 생명과학을 가르친다. 그 예를 하나 알려 주마. 어느 날 라면을 끓일 때, 계란을 보고 세포의 핵이 생각났다. 그래서 '라면세포'를 만들기로 했다."

"학교에서 라면을 끓인다고요?"

놀란 판서의 표정을 보고 스승은 껄껄 웃었다.

"허허허, 라면을 끓이면 왜 안 된단 말이야?"

"그게 아니라…. 교육도 그렇지만 안전사고에 걱정이 됩니다."

"라면 끓이다가 사고라도 날까 봐?"

"불을 사용하니까… 물도 끓는 물이고…."

"판서 네 놈은 딸에게 집에서 라면도 못 끓이게 하겠구나."

"집은…."

"학교와 집이 무엇이 다르단 말이냐? 고등학생이라면 안전에 대해서는 충분히 인지하고 있을 것이다. 조그만 안전사고 때문에 수업을 못 한다는 것은 구더기 무서워서 장 못 담그는 것이 아니고 무엇이냐?"

"라면을 끓인다면 학생들 분위기가 어수선해질 텐데 교육적 효과가 있겠습니까?"

"분위기는 교사가 만들어야 하겠지. 단순히 라면만 끓이면 1회성 이벤트가 되겠지. 라면세포 만들기는 총 4차시로 진행된다. 1차시에는 세포에 대한 이론을 배운다. 학생들은 핵, 미토콘드리아, 엽록체에 대해 배우게 된다. 2차시에는 라면 수업에 대해여 인지시킨 후 모둠 수업을 시킨다. 학생들은 이때 세포 내 소기관에 대응하는 부재료를 선택하는 것이다. 예를 들면 플랑크소시지로 미토콘드리아를, 초록 피망으로 엽록체를 표현하는 것이다. 학생들은 자신들은 자신들이 배운 세포 내 소기관을 생각하면서 적절한 부재료를 선택할 것이다. 어떠냐? 학생들이 생각하는 힘이 길러지겠느냐?"

물론 이 수업 하나가 학생들의 창의성과 생각하는 힘을 키워 주지는 않겠지만, 모든 교과에서 수업을 개발한다면 분명 효과가 있을 것 같았다. 더군다나 자신들이 고안한 라면세포를 구현하고 그것을 맛있게 먹는다면 잠을 자려고 해도 잘 수 없을 것이다.

"확실히 잠을 자는 학생은 없을 것 같습니다."
"이 수업은 오직 학습만 생각한 것은 아니다. 나는 우리 교사들이 교실에 소외된 학생들에게 시선을 돌릴 필요가 있다고 생각한다. 매일 잠만 자는 학생은 자고 싶어서 잠을 자겠느냐? 덧셈, 뺄셈을 겨우 하는 학생에게 미적분은 상형문자에 그치지 않는다. 영어에 기초가 없는 학생은 수능 지문이 아랍어를 보는 것일 게다. 네게 아랍어를 보이며 읽으라고 하면 읽을 수 있겠느냐? 하지만 그 학생은 점심시간에 누구보다 열심히 운동장을 뛰어다닌다. 국가 교육 과정보다도 교실에 있는 학생들이 학교를 즐거운 마음으로 다닌다면 좋지 않겠느냐?"

판서는 스승의 말을 이해할 수 있었다. 자는 학생들을 원망했는데, 학생들은 하고 싶어도 할 수 없었던 것이다. 라면세포처럼 학생들이 즐겁게 학습을 할 수 있다면 그것으로 또 다른 학교의 역할을 한 것이다.

"제가 선생 덕분에 깨달음을 얻었습니다. 비록 어렵지만 노력해 보겠습니다. 교실의 모든 학생을 보고 수업을 계획해 보겠습니다."

그렇게 판서는 학교로 돌아갔고, 수업에 노력을 기울였다.

공부가 전부는 아니다

　어떻습니까? 소설에서 제가 말하고 싶은 것이 전달되었습니까? 라면세포 만들기는 실제 제가 개발하고 해 본 수업입니다. 학교에서 라면이라니 학생들이 굉장히 좋아했고, 적극적이었습니다.

　제가 말하고 싶은 핵심은 교육 이외의 학교 역할입니다. 소설 속 예시에서는 모둠활동에서 학생들의 감정을 회복할 수 있다고 했습니다. 집에서 힘들었던 학생도 학교에 와서 나쁜 감정이 행복한 감정으로 바뀔 수 있다면 얼마나 좋을까요?

　이제 세상이 바뀐 것처럼 우리 선생님들의 마음이 바뀌어야 합니다. 긍정적인 마인드를 가지고 학생들에게 대해 봅시다. 다음 질문에 어떻게 대답해야 할까요? 이제 그 답을 찾을 수 있습니다.

교직원 화장실에 들어온 학생이 여기에 휴지가 있어서 들어왔다고 합니다.

① 이 자식이, 너 벌점이야. 감히 학생이 어디 교직원 화장실을 써!

② 그래, 다음에는 선생님도 편하게 일을 볼 수 있게 해 줘.

화장을 진하게 한 여학생이 선생님도 하는데 왜 우리는 안 돼요?

① 화장이 그게 뭐니? 너 당장 지우고 와. 안 그러면 부모님께 연락할 거야.

② 자영아 너 저번에 화장 안 했을 때, 걸그룹 ○○ 닮았던데 조금 약하게 해 봐.

왜 선생님들이 사용하는 교무실을 우리가 청소해야 해요? 그리고 선생님들은 분리수거도 안 하고.... 청소가 너무 힘들어요.

① 뭐? 청소하기 싫다고 너 지시불이행이야.

② 힘들지? 자영이가 매일 깨끗하게 청소해 줘서 고맙게 생각하고 있어. 분리수거는 앞으로 잘할게. 그리고 선생님도 도울게.

학생들과 교감

갑자기 수업 이야기를 하다가 대화법을 이야기할까요? 저는 수업에 앞서 학생들과의 관계를 말하고 싶어서 그렇습니다. 학생과 믿음의 관계가 형성된다면 수업도 평가도 즐거울 수 있기 때문입니다.

제 나이는 올해로 42세입니다. 지금 고등학생들과는 23~25세 차이가 납니다. 강산이 두 번 이상 변하는 세대 차이를 과연 극복할 수 있을까요? 대답은 할 수 있다는 겁니다. 학생들 입장에서 생각해 보세요. 위의 질문에 대한 대답도 학생의 입장에서 생각해 보라는 겁니다. 제가 드리는 팁 두 가지는 SNS와 사탕입니다.

1. SNS

나이 먹고 젊은 세대들이나 하는 SNS를 하기는 쉽지 않습니다. 저는 인스타그램을 이용하는데요. 학생들과 맞팔(서로 팔로우)하고는 시간이 날 때마다 학생들이 무슨 사진을 올렸나 보고 멘트를 해 주는 것입니다. 힘들다는 학생에게는 '힘내요. 파이팅!'을 써 주고, 자신의 얼굴을 사진을 올리면 '이쁘다'고 칭찬해 주면 됩니다. 이것도 저것도 힘들다면 그냥 좋아요를 눌러 주면 됩니다.

요즘에는 학생들이 인스타그램에 올려 달라고 사진을 계속 찍자고 다가옵니다.

옆의 사진은 저의 인스타그램 사진입니다. 고3 수업을 마친 후 학생들이 다가와 사진을 찍자고 합니다.

"좋아."

요즘 여학생들은 눈을 감고 사진을 찍습니다. 학생들에게 더욱 다가가고자 저도 눈을 감습니다. 구경하는 학생들은 웃습니다. 42세 아저씨가 자기들처럼 눈을 감으니 얼마나 웃기겠습니까? 하지만 만족합니다. 학생들이 즐거우면 그걸로 된 겁니다.

2017년 스승의 날에 학생회 학생들이 와서 상장을 줍니다. 제목은 (인)스타상 학생들과 SNS로 교감을 잘해서 주는 상이랍니다. 정말 센스 있는 상이었고, 어떤 상보다 값진 상이었습니다. 여러분도 당장 SNS를 시작하십시오.

2. 만남의 오작교, 사탕

수업 시간에 사탕 봉지를 들고 가시는 선생님이 많습니다. 물론 수업에 적극 참여하는 학생이나 조는 학생에게 주면 효과가 좋습니다. 하지만 저는 책상 위에 사탕과 초코바를 놓고, 당이 떨어졌다 싶으면 와서 먹으라고 합니다.

물론 오는 학생들만 오고, 남학생보다는 여학생이 주로 옵니다. 그러면 사탕을 주면서 이름도 물어보고 이런저런 이야기를 합니다.

"공부하기 힘들어요."

"사탕 먹고 힘내."

"선생님 저 남친이랑 헤어졌어요."

"그놈은 이렇게 좋은 여자 친구와 헤어지다니 분명히 후회할 거야."

스스럼없이 다가오는 학생들에게 친구 같은 선생님이 돼 주세요. 방법은 아주 간단합니다. 사탕을 아낌없이 주고 학생의 입장에 서서 대답해 주는 것입니다.

저희 학교에서는 축제와 과학의 날 때, 과학 동아리 실험 부스를 운영합니다. 저도 학생들을 위하여 무엇을 할까 생각하다가 먹을 것을 준비해 봤습니다.

번데기 아저씨와 윤식당

　처음에 번데기를 사다가 끓여서 오는 학생들에게 한 컵씩 주었습니다. 학생들이 징그럽다고 먹지 못하는 학생도 있었고, 알레르기가 발생한 학생도 있어 추천하고 싶지 않습니다. 다음에 떡볶이를 했는데 정말 인기가 많았습니다. 학교에서 떡볶이라니 엄두가 나지 않죠? 요즘에 인터넷에는 없는 것이 없답니다. 비밀의 떡볶이 소스를 팔고 있으니 물과 떡을 넣고 끓이기만 하면 됩니다. 이제 선생님도 학생들과 친한 선생님이 될 수 있습니다.

　이제 선생님은 학생들과 교감이 되셨습니까? 그럼 배움 중심 수업 준비가 된 겁니다. 학생들을 믿고 인격으로 존중해 주는 선생님이 어떤 수업을 하든, 평가를 하든 간에 믿고 따라올 것입니다.

배움 중심 수업에 임하는 학생들은 즐겁고 행복합니다. 선생님이 계획한 수업이 잘 흘러가고 만족스러운 결과를 얻을 때, 선생님의 마음도 행복하게 변할 것입니다. 학생들에게 아낌없이 주는 것은 결국 선생님에게 행복으로 돌아옵니다.

학교에서 라면을 끓인다고요?

윤 자 영 선생님 (인천공항고등학교)

라면세포 만들기

어느 날 점심식사로 라면을 선택하였습니다. 보글보글 끓어오르는 라면에 달걀 하나를 탁하고 깨어 넣었죠. 그때 고등학교 3학년 생명과학에서 세포의 구조를 가르치고 있던 때입니다. 달걀노른자가 세포의 핵으로 보이는 겁니다.

저는 '유레카'를 외쳤죠. 라면에 넣은 비엔나소시지는 미토콘드리아로 보이고 양파는 골지체로 보였습니다. '라면의 부재료로 세포 내 소기관을 표현하면 어떨까?' 하는 생각이 들었습니다.

'학교에서 라면을 끓일 수 있을까?', '혹시 위험하지 않을까?', '대체 어떤 준비를 해야 하지?' 많은 걱정이 앞섰지만 저는 도전하기로 했습니다.

학교에 냄비가 없으니 냄비를 구입해야 하고, 학생들이 먹는 데 정신이 팔리면 안 되니 사전 계획을 실시하며, 한 시간 안에 라면을 끓이고 먹기까지 해야 하니 물 끓이는 포트도 준비해야 합니다.

자, 라면세포 만들기 수업은 어떻게 되었을까요?

　비록 과정은 힘들었지만 수업은 성공적이었습니다. 학생들은 진지하게 수업에 임했고, 훌륭한 결과를 냈습니다. 선생님들도 과연 장난꾸러기 학생들이 진지하게 수업에 임할까 걱정되시죠? 그래도 도전하세요. 학생들의 다른 모습을 보시게 될 겁니다. 그럼 라면세포 만들기 수업 방법으로 들어가 보겠습니다.

🚩 수업자의 생각

라면은 전 국민이 좋아하는 간식이자 식사이다. 라면을 싫어하는 사람을 없을 것이고, 특히 학교에서 라면을 끓여 먹는다면 금기시되어 있는 행동을 할 수 있어 학생들에게는 특별한 기억이 될 것이다.

라면 끓이기는 자칫 일회성 이벤트로 될 가능성이 많다. 그래서 사전 준비가 철저해야 한다. 실제 라면 끓이기 전 시간에 반드시 계획서 작성 시간을 가져야겠다. 자신들이 생각하는 세포 내 소기관을 어떤 부재료로 선택하면 좋을지 생각해 보고 부재료를 자신이 준비하도록 시킨다.

학생들은 본인이 직접 참여한 계획서를 망치기 싫어한다. 어떻게 하면 멋있는 라면세포를 만들까 고심한다. 라면세포 만들기 수업을 개발하고 블로그에 올렸다. 전국의 많은 선생님들께서 수업을 하시고는 사진을 보내왔다. 우리 학교가 최고라고 생각했는데 더 다양한 재료로, 더 멋있는 라면세포를 만들었다. 선생님도 지금 당장 계획하고 실천하기를 바라고, 성공하기를 기원한다.

수업 개요

[학교급] 고등학교   [학년/학년군] 1, 3

[교 과] 통합과학, 생명과학 II   [대단원]   1.세포와 물질대사

성취 기준   생2111-2

세포소기관의 구조와 기능 및 유기적인 관계를 설명할 수 있다.

생2112-2

동물세포와 식물세포의 차이를 세포소기관의 구성을 중심으로 설명할 수 있다.

평가 유형   토의 토론, 실험 평가

핵심 역량   창의적 사고, 심미적 감성, 공동체

평가 내용   라면의 다양한 부재료를 통해 세포 내 소기관을 표현할 수 있다.

수업 및 평가 절차

학습 단계	교수 학습 활동	비고 (평가 계획 등)
1차시	세포내 소기관 이론 수업	이론 수업
2차시	전 차시에 배운 세포 소기관을 생각하며 라면을 끓일 때, 어떤 부재료를 사용하여 세포 소기관을 표현할지 토의한다.	모둠 토의
3차시	모둠 계획서를 바탕으로 라면 세포를 만든다 (실제 라면 끓이기).	모둠 실험 평가
4차시	주변에서 보이는 물체 중에서 세포 소기관으로 보이는 물체를 사진으로 찍어 개인별 세포 소기관 카드를 만든다.	개인 평가

생활기록부 교과세부능력특기사항에 기록

나만의 라면세포 만들기 상세 과정

❶ 세포 내 소기관 이론 수업을 한다. 이때, 차후에 진행될 라면 세포 만들기를 언급하여 어떤 부재료가 세포 내 소기관이 어울릴지 생각할 시간을 갖는다.

❷ 모둠 토의 활동을 실시한다. 토의에서는 라면 부재료 중에서 이론으로 배운 세포 내 소기관에 적당한 재료를 선정하고 이를 디자인한다.

❸ 디자인된 라면세포 도안을 이용하여 실제 라면 세포를 만든다. 모둠이 선정한 부재료를 이용하여 정교하게 세포를 표현한다.

❹ 완성된 작품을 발표한다.

단계	학습과정 STEAM 준거 상황	교수·학습 활동 상황
도입 (15분)	주의 집중	▶ **주의집중 및 정리정돈** ▶ **학습준비 상태 및 자료 확인** • 인사와 함께 주변을 정리정돈 시킨다.
	동기유발 상황 제시	▶ **동기유발** • 이전 차시에 실시했던 모둠계획서를 보이며 발표한다(교사는 파워포인트를 미리 만들어 전 차시에 계획했던 라면세포 계획서를 준비한다).
전개 1 (1분)	탐구실험 준비	▶ **수업 진행 설명** • 실험 시 주의사항 　- 뜨거운 라면에 화상을 입지 않도록 주의시킨다. 　- 라면을 먹는 데 너무 치중하지 않는다. 　- 물 준비, 재료 손질, 라면 끓이기 등의 업무로 나눈다. ▶ **모둠 역할 정하기** • 탐구 활동 시 혼란 방지

단계	학습과정 (STEAM 준거 상황)	교수·학습 활동 상황
전개 2 (10분)	탐구활동 학습하기 (창의적 설계)	▶ **탐구 활동 실시** • 탐구활동 안내를 하겠습니다. 　　1. 라면 끓이기 　　2. 부재료를 이용 세포 내 소기관 표현 　　3. 사진 촬영 　　• 학생들은 자신의 역할을 충실히 수행한다. ▶ **라면 세포 만들기 실제** • 교사는 교실 전체를 순회하며, 각 모둠별 안전에 한 번 더 주의를 준다.
전개 3 (23분)	발표하기 (감성적 체험) 라면 시식	▶ **발표하기** • 교사는 학생 모둠별로 완성된 라면세포 사진을 찍어 발표 준비를 한다. • 자신의 모둠 라면 세포 사진을 발표한다. • 라면을 시식한다.
정리 1 (5분)	내용정리 및 차시예고	▶ **정리하기** • 다음 시간에는 주위에서 세포 소기관을 닮은 물체가 있다면 사진을 찍어 개인 세포 소기관 만들기를 준비 시킨다.

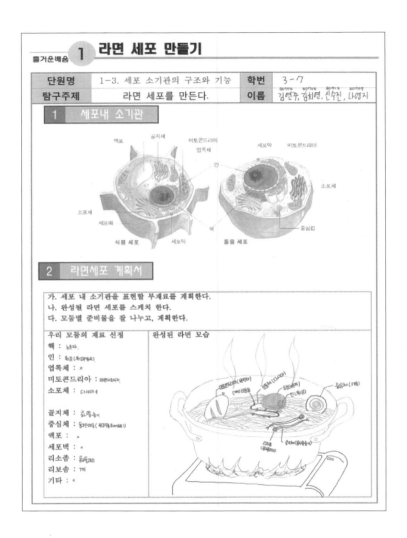

앞에서도 밝혔지만 라면세포의 성공은 2차시 모둠 계획서 작성하기입니다. 위 학습지 결과물을 보세요. 먼저 학생들은 식물 또는 동물세포를 선정합니다. 그리고 여러 세포 내 소기관을 라면에 넣을 부재료를 토의합니다. 이 학생들은 미토콘드리아를 비엔나소시지, 리보솜을 깨로 결정했네요. 그리고 실제 라면 세포를 만들었을 때, 이미지를 그려 보는 것도 중요합니다.

학습 결과물

처음에는 무모한 도전이었습니다. '라면 세포 만들기'라니, 학생들하고 별짓을 다한다고 생각할 수 있습니다. 저도 과연 학교에서 라면을 끓이다니 학생들이 진지하게 임할 수 있을까 걱정을 많이 했습니다. 하지만 결과는 뜻밖이었습니다. 대성공이었죠. 다음 학생들의 작품을 보세요.

제가 근무하는 학교는 영종도에 위치하고 있습니다. 그중 횟집을 하는 학생이 있었는데 문어와 전복, 새우 등 각종 해산물을 공수해 왔습니다. 문어로 골지체를, 전복으로 엽록체를 표현하였습니다. 수업 후 먹는 즐거움이 더욱 컸지만, 그러면 어떻습니다. 친구들과 라면세포를 기획하고, 끓이고, 함께 먹으면서 과학 소양 이외에 우정이 쌓이는 결과를 얻을 수 있었습니다. 이것이 진정한 학교의 존재 의미가 아닐까요?

다음은 식물세포를 표현한 라면 세포입니다. 적양상추의 결로 소포체를 만들고, 치즈를 녹여 액포를 표현하였습니다. 대단한 창의력이 아닐 수 없습니다. 선생님도 지금 도전하세요. 학생들의 대단한 결과를 보시게 될 것입니다.

학습지 또는 학생 작품 예시

식물세포

라면 세포 계획서

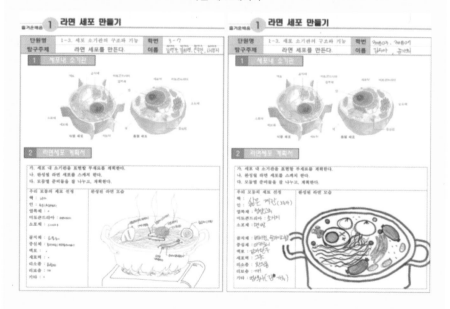

평가 계획은 다음과 같습니다. 얼핏 모든 학생이 만점을 맞을 것 같은데 걱정하지 마세요. 2015개정교육과정에서는 모든 학생이 성취기준에 도달하는 것이 목표니까요.

수행평가 세부 척도안		
항 목	상세 채점 기준	점수
라면 세포 제작(5점)	세포 내 소기관을 5개 이상 표현	5
	세포 내 소기관을 4개 표현	4
	세포 내 소기관을 3개 표현	3
카드 뉴스 제작(5점)	창의적이고 획기적인 세포 아이디어	5
	창의적인 세포 아이디어	4
	일반적인 세포 아이디어	3
미제출		4

학교생활 기록부 기재 예시

라면의 부재료로 세포 내 소기관을 표현하는 라면세포 만들기 활동 시에 계란으로 핵을, 적양배추의 결을 이용하여 소포체를, 청포도로 염색체를, 하얀 치즈를 녹여 액포를, 깨를 이용하여 리보솜을, 덩어리 후추를 이용하여 리소좀을 표현하였음. 많은 모둠이 편한 동물세포를 제작한 반면, 은박접시를 이용하여 세포벽을 제작한 창의적이고 탁월한 작품임.

라면 세포 만들기

QR코드를 스캔하면 라면세포 만들기 수업 과정의 블로그를 볼 수 있습니다.
찬찬히 보시고 수업을 계획해 보세요.

즐거운 배움 **1** # 라면 세포 만들기

단원명	1-3. 세포 소기관의 구조와 기능	학번	
탐구주제	라면 세포를 만든다.	이름	

1. 세포내 소기관

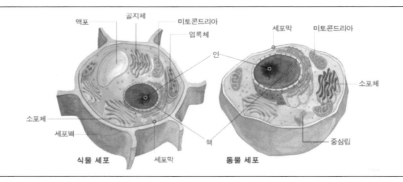

2. 라면세포 계획서

가. 세포 내 소기관을 표현할 부재료를 계획한다.

나. 완성될 라면 세포를 스케치 한다.

다. 모둠별 준비물을 잘 나누고, 계획한다.

우리 모둠의 재료 선정	완성된 라면 모습
핵 :	
인 :	
엽록체 :	
미토콘드리아 :	
소포체 :	
골지체 :	
중심체 :	
액포 :	
세포벽 :	
리소좀 :	
리보솜 :	
기타 :	

나만의 핵형분석 우산 만들기

윤 자 영 선생님 (인천공항고등학교)

수업의 진화는 끝이 없다

어떤 수행평가를 할까?

  교사라면 많이 고민을 하게 됩니다. 민원이 걱정이라, 감사가 걱정이라, 준비가 걱정이라서 가장 안전한 방법을 택하게 됩니다. 그래도 많은 잡음이 발생하고 기분을 상하게 하죠.

  또, 변화된 시대에서 요구하는 것은 얼마나 많은가요? 배움 중심 수업, 과정평가, 창의성 요구, 수업-평가-기록의 일체화 등 선생님들의 스트레스는 날이 갈수록 커져만 갑니다.

  선생님! 변화하고 싶습니까? 새로운 변화에 적응하고 싶습니까? 아마 이 글을 읽고 있는 선생님이라면 모두 '예'라고 대답했을 겁니다. 저의 방법을 알려드리겠습니다. 그것은 무엇일까요? 바로 '생각'입니다. 생뚱맞죠? 노력, 공부 이런 것이 나올 줄 알았는데 '생각'이라니…. 그 해답은 나중에 말씀드리는 것으로 하고, 저의 핵형분석 평가가 변화하는 과정을 잘 살펴보시기 바랍니다.

교과서 활용

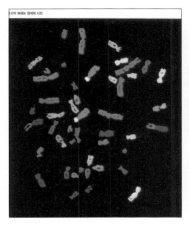
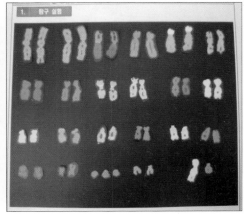

처음에 진행했던 평가입니다. 시간으로 따지면 2014년도가 되겠습니다. 교과서에 핵형분석 자료가 있어 그것으로 간편하게 평가를 진행하였습니다.

염색체 사진에서 염색체를 46개 오리고, 핵형분석 방법에 따라 ① 상동염색체를 짝짓고, ② 크기 순서대로 나열하고, ③ 염색체 번호를 기록합니다.

평가가 시작되면 학생들은 가위로 염색체를 오리기 시작합니다. 손톱보다 작은 염색체 46개를 오리는 데 얼마의 시간이 걸릴까요? 평균적으로 30분이 걸렸습니다. 그리고 풀칠해서 붙이면 거의 50분이 흘러가죠. 자, 학생들은 평가를 통해 어떤 능력이 향상되었을까요? 뭐, 핵형분석 방법(크기에 따라 배열, 상동염색체 찍 짓기)은 익혔겠지만 그것마저 옆 짝을 보고 따라 했다면 그저 그런 평가가 되었겠죠.

그리고 수행평가를 하면서 여러 번 발생한 문제가 있었습니다. 염색체가 작다 보니 큰 움직임에 바람이 일어나 염색체가 날아간다는 겁니다. 다 찾으면 문제없겠지만 작은 염색체는 어디로 사라졌는지 찾을 수 없었습니다. 만점을 받지 못한 많은 학생이 이런 이유였습니다. 옆 짝이 일으킨 바람 때문에 만점을 받지 못한 학생은 얼마나 억울했을까요. 뭔가 변화가 필요했습니다.

교과서에 없는 핵형분석 자료를 직접 제작하다

이때 즈음에 교과서에 없는 염색체 돌연변이 자료를 직접 제작하고자 했습니다. 염색체를 만들 재료로 아크릴과 모루를 사용했고, 두 가지 모두 간단하여

학생들이 쉽게 핵형분석을 실시하고 교과서에 없는 염색체 돌연변이도 확인할 수 있어 일석이조였습니다. 모둠별로 핵형분석 세트를 이용하여 핵형분석을 하고, 미지의 염색체 돌연변이를 확인하는 평가를 하였습니다. 미지의 염색체 돌연변이를 소개하는 것은 좋았습니다. 하지만 핵형분석 시간이 더욱 짧아지고 모둠이 같이하는지라 무임승차가 많이 발생하였습니다.

어떻게 개선하면 좋을까? 때마침 배움 중심 수업이 광풍처럼 몰아쳤고, 알파고로 창의성 교육을 강조하였습니다. 저는 개인별로 핵형분석 자료를 만들어 보고자 하였습니다.

"핵형분석 자료를 만들어 보죠. 재료, 방법 어떠한 제약도 없습니다. 참신하고 새로운 작품을 기대해 보겠습니다."

창의적인 핵형분석

일단 전년도에 직접 제작했던 핵형분석 자료를 이용하여 수업을 진행하였습니다. 그리고 평가는 행형분석 자료를 개인별로 만들어 제출하는 것이었습니다. 우려 반 걱정 반이었던 평가는 성공이었습니다. 학생들의 적극성도 한몫했지만 이렇게 다양한 자료들이 나올지 꿈에도 몰랐습니다.

정말 다양한 자료가 쏟아졌습니다. 머리를 탁 쳤던 창의적 작품도 많이 포함되었습니다. 다음 학생들의 작품을 보시죠.

꿈틀이 젤리로 만든 자료

칼라점토로 정교하게 만든 자료

투명 우산에 매니큐어로 그린 자료

투명지에 투명지를 붙인 자료

여러분은 어떤 핵형분석 자료가 가장 창의적이라고 생각하십니까? 딱 봐도 우산이겠죠? 많은 학생들이 평면 자료를 만들었습니다. 다만 염색체가 되는 재료만 바뀌었을 뿐이었죠. 꿈틀이 젤리, 클레이, 철사 등등…. 하지만 투명우산에 매니큐어로 칠한 자료는 평면에서 벗어났을 뿐만 아니라, 실제 비 오는 날 쓰고 다닌다면 디자인이나 학습에도 좋은 발명품으로도 손색이 없을 정도였죠.

마지막 투명지를 활용한 자료도 대단한 창의성을 보이는 작품이었습니다.

어두운 곳에서 빛을 비추면 그림자로 핵형분석 자료가 나타났죠. 이외에 학생들의 재치가 돋보이는 자료가 많았는데요. 창의적 자료를 넘어서 작품을 감상하시죠.

회오리 핵형분석   핵형분석 트리

핵형분석은 염색체의 크기가 점점 작아지는 순서로 배열합니다. 첫 번째 학생은 회오리 모양이 점점 줄어들면서 염색체의 크기도 자연스럽게 줄어들도록 하였고, 두 번째 학생은 염색체가 달린 나무를 만들었네요.

결과는 대성공이라고 자평하였습니다. 하지만 문제가 없는 것도 아니었습니다. 평가를 집에서 해서 학생들의 부담을 주는 것과 우수하고 창의적인 작품만 생기부 기록이 있었다는 것입니다. 나중에 학생들의 피드백에서 '창의성이 없는 사람은 생기부 기록도 못 하게 됩니까?' 하는 말을 들었을 때, 입시 위주의 공교육 세태가 아쉽기도 했지만 학생들의 노력을 생기부 기록으로 폄하한 기분이 들었습니다. 그 후 모든 학생들이 만든 작품 그대로를 기록하게 되었습니다.

핵형분석 만들기의 마지막 진화

요즘 학생들은 수행평가 때문에 죽고 싶다는 말을 합니다. 그도 그럴 것이 한 과목당 한 학기에 3가지 수행평가를 하고, 과목이 8과목이라면 24개의 수행평가를 해야 합니다. 집에서 하는 과제형 수행평가가 많을수록 학생들의 시간과 에너지를 소모하게 합니다. 나만의 핵형분석 자료 만들기도 마찬가지입니다. 집에서 만들어 와야 했기 때문에 과제형 수행평가가 됩니다. 그래서 학교 수업 시간에 핵형분석 자료를 만들어 보기로 했습니다. 지난 제출 자료 중에서 핵형분석 우산을 만든 것이 특이하여, 모든 학생들이 '나만의 핵형분석 우산 만들기'를 해 보기로 하였습니다.

염화코발트지를 이용한 작품

봄날의 벚꽃이 연상되는 자료

북두칠성과 밤하늘   DNA나선을 입체로 표현한 자료

수업의 마지막 진화는 성공적이었습니다. 일단 수업시간 내에 평가를 실시함으로써 학생들의 부담을 줄이는 데 성공했기 때문입니다. 수업시간 내에 실시했지만 작품성 또한 떨어지지 않았습니다. 다음 QR코드를 연결하여 학생 발표 영상을 보세요.

염화코발트지를 이용하여 염색체의 유전자 모양을 만들고, 염화코발트지 성질에 따라 비가 오면 색이 변하도록 하였습니다. 그리고 pH시험지를 성염색체 붙여 비의 산성도를 측정할 수 있도록 하였습니다. 대단한 작품이 아닐 수 없습니다.

QR코드를 스캔하면
핵형분석 우산 만들기 수업 과정의
블로그를 볼 수 있습니다.
찬찬히 보시고 수업을 계획해 보세요.

핵형분석
우산 만들기

학교급	고등학교		학년/학년군	2

교 과	과학, 생명과학 I		대단원	1.염색체

성취 기준 생2111-2

세포소기관의 구조와 기능 및 유기적인 관계를 설명할 수 있다.

생2112-2

동물세포와 식물세포의 차이를 세포소기관의 구성을 중심으로 설명할 수 있다.

평가 유형 실험 평가, 논술형 평가

핵심 역량 지식정보처리, 심미적 감성

평가 내용 다양한 재료를 이용하여 우산에 핵형분석 자료를 제작할 수 있다.

수업 및 평가 절차

학습 단계	교수 학습 활동	비고 (평가 계획 등)
1차시	핵형분석 이론 공부, 재구성을 통해 돌연변이까지 배우면 더 다양한 핵형분석 자료를 제작할 수 있음.	이론 수업
2차시	전 차시에 배운 핵형분석 내용을 생각하며 어떤 재료와 방법으로 핵형분석 우산을 만들지 토의한다.	모둠 토의
3차시	모둠 계획서를 바탕으로 우리 모둠만의 핵형분석 우산을 만든다.	모둠 실험 평가
4차시	자신이 핵형분석 우산을 사진을 찍는다. 사진 위에 염색체와 유전에 대한 시 짓기 활동을 한다.	개인 평가

생활기록부 교과세부능력특기사항에 기록

우리 모둠의 핵형분석 우산 만들기 상세 과정

❶ 핵형분석 우산을 만들 때, 기본적인 재료를 준비하는 것이 좋다. 가장 최소한으로 만들 수 있도록 모둠별로 투명우산과 우산 위에 그림을 그릴 수 있도록 아크릴 물감 세트를 준비한다.

❷ 모둠 토의 활동을 실시한다. 토의에서는 핵형분석우산 계획서를 작성한다. 재료, 표현 방법 등을 상세히 토의하고 예산되는 완성품 그림을 그려 본다.

❸ 미리 디자인 된 계획서를 바탕으로 핵형분석 우산을 실제로 만들어 본다.

❹ 완성된 핵형분석 우산 사진을 찍고, 염색체와 우산을 주제로 시 짓기 활동을 한다.

3 수업 디자인 --

단계	학습과정 (STEAM 준거 상황)	교수·학습 활동 상황
도입 (10분)	주의 집중	▶ 주의집중 및 정리 정돈 ▶ 학습준비 상태 및 자료 확인 • 인사와 함께 주변을 정리 정돈시킨다. • 모둠 준비물을 분출한다.
	동기유발 (상황 제시)	▶ 동기유발 • 이전 차시에 실시했던 모둠계획서를 확인하며, 핵형 분석 우산 만들기를 시작한다. 2 핵형 분석 우산 ─ 우리가 만들 핵형분석 우산을 고안해보자.

전개1 (1분)	탐구실험 준비	▶ 수업 진행 설명
		• 실험 시 주의사항
		  - 칼, 가위를 사용한다면 주의하여 사용하시길 바랍니다.
		  - 무조건 예쁘게 꾸미기보다는 핵형분석의 원리를 잘 생각하면서 제작하시기 바랍니다.
		  - 주어진 재료를 활용하시되 창의적인 작품이 되도록 재료를 선정합시다.

단계	학습과정 (STEAM 준거 상황)	교수·학습 활동 상황
전개 2 (30분)	탐구활동 학습하기 (창의적 설계)	▶ **탐구 활동 실시** • 탐구활동 안내를 하겠습니다. 　　1. 다양한 재료를 이용하여 핵형분석 우산 만들기 　　2. 사진 촬영 • 학생들은 자신의 역할을 충실히 수행한다. ▶ **핵형분석 우산 만들기 실제** • 교사는 교실 전체를 순회하며, 각 모둠별 안전에 한 번 더 주의를 준다.
전개 3 (5분)	발표하기 (감성적 체험)	▶ **발표하기** • 교사는 학생 모둠별로 완성된 핵형분석 우산 발표를 듣는다. 시간이 부족하므로 발표는 동영상으로 촬영하고 다른 수업 시간에 공유한다.
정리 1 (5분)	내용정리 및 차시예고	▶ **정리하기** • 다음 시간에는 주위에서 세포 소기관을 닮은 물체가 있다면 사진을 찍어 개인 세포 소기관 만들기를 준비시킨다.

 이번 수업 고수의 팁에서는 평가를 중점적으로 설명하도록 하겠습니다. 핵형 분석 우산 만들기는 모둠평가에 해당합니다. 상동염색체의 짝을 맞추고, 크기 별로 배열했다면 모두 만점이 되겠죠. 그래서 시 짓기 개인평가를 추가합니다. 아래 학생 작품을 보시죠.

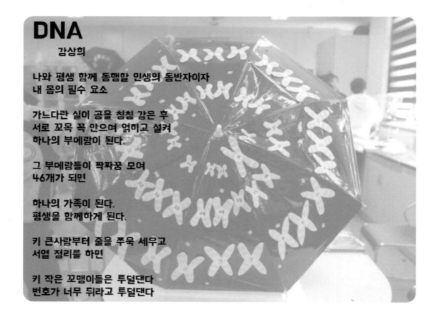

 자신의 모둠이 만든 우산 사진 위에 시 짓기 활동을 하는 겁니다. 강상희 학 생은 DNA라는 제목으로 시를 지었는데요. 염색체의 생성부터 46개의 염색체 를 키 순서로 배열하는 핵형분석을 의인화한 멋진 작품이 탄생했습니다.
 교사는 모둠 작품과 개인 작품을 평가하고 이를 생기부 과목별 세부능력 특 기사항에 기록하면 됩니다.

학습지 또는 학생 작품 예시

마더파더

20316 윤영서

엄마 아빠가 하셨어, 결혼
평생 함께 할 내 새끼, 응애
엄마 아빠 반 쪽씩 선물 주셔, 스물셋 염색체
그것이 바로 상동염색체라

어디가 어딘가 닮았나
엄마 닮아 피부 얻었고
아빠 닮아 순발력 얻었네
그것이 바로 유전이라

우리 엄마 속쌍커풀
우리 아빠 겉쌍커풀
그것이 바로 대립유전자라
근데 나는 쌍커풀 안 보여 진짜 무엇

평가 계획은 다음과 같습니다. 시 카드 만들기에 '탁월함', '우수함', '보통임'이라는 다소 모호한 기준이 있습니다. 먼저 민원이 걱정되겠지요. 저의 생각은 다음과 같습니다. 교사는 전문가이고, 평가는 고유한 권한입니다. 그에 앞서 교사가 평가 전문가가 되어야 하고, 학생과의 교감이 있어야 가능할 것입니다.

수행평가 세부 척도안		
항 목	상세 채점 기준	점수
염색체 우산 제작 및 핵형분석(5점)	① 염색체를 바르게 제작(상동염색체, 염색분체)하고, ② 핵형분석(상동염색체 쌍, 크기별 배열, 성염색체)을 옳게 함	5
	①, ② 둘 중 하나가 틀림	4
	①, ② 모두 틀림	3
시 카드 만들기(5점)	탁월함	5
	우수함	4
	보통임	3
미제출, 미참여		4

학교생활 기록부 기재 예시

핵형분석 우산 만들기 활동 시 염색체를 반짝이는 스티커로 제작하고, 검은 바탕에 나선모양으로 붙여 은하 모양을 형상화했음. 과학성과 예술성이 매우 높은 작품이고, 우산 만들기 평가에서 매우 좋은 작품에 선정됨.

즐거운 배움 **1** # 핵형분석 우산 만들기

단원명	2-1-1. 유전자와 염색체	학번	
탐구주제	핵형분석 우산을 만든다.	이름	

1. 제작 계획서

> 가. 핵형분석을 표현할 재료를 계획, 선택한다.
>
> 나. 완성될 핵형분석 우산을 스케치한다.
>
> 다. 모둠별 준비물을 잘 나누고, 계획한다.
>
> | 모둠원 | 역할 및 준비물 |
> |---|---|
> | | |

2. 미리 보는 핵형분석 우산

우리가 만들 핵형분석 우산을 고안해 보자.

생명과학실험의 꽃
혈액형 검사하기
우리가 남이가?

윤 자 영 선생님 (인천공항고등학교)

생명과학실험으로 가장 많은 선생님이 하는 것은 무엇일까요? 바로 혈액형 검사입니다. 저도 고등학교 시절뿐만 아니라 대학교 실험 시간에도 했었는데,

피를 본다는 두려움과 설렘(?)
이 있었던 것 같습니다.

실제로 혈액형 검사 수업은 학생들의 높은 호응을 얻는 실험이고, 선생님의 만족도도 높은 실험이 되겠습니다.

혈액형 검사 실험은 피를 보는 실험이기 때문에 학생들의 안전사고가 나지 않도록(장난치지 않도록) 진지한 분위기를 연출할 필요가 있습니다. 선생님은 수업 전에 고함부터 치겠죠.

매번 이론 수업을 하다가 실험실에 왔습니다. 평소 주무시던(?) 학생들도 피를 뽑는다니 활기찹니다. 그 학생들의 즐거움을 조금 놔두고 더 나아가 수업에 참여하고, 더 나아가 혈액형 검사 원리를 깨우치게 하고 싶지 않으신가요?

다음 혈액형 판정 실험은 다음과 같이 수업이 이루어집니다.

1. 우리 모둠 혈액형의 오해와 진실

먼저 같은 혈액형끼리 모둠을 정합니다(모둠 인원은 3~5명이 적당). 우리나라에는 혈액형에 따라 성격이 달라진다는 학설이 있는데 그것에 대한 오해와

진실이란 주제로 글과 그림으로 표현합니다. 물론 오개념을 확실히 설명하고 모둠원끼리 친해지거나 수업에 흥미를 높이는 단계입니다.

2. 나의 혈액형 검사하기

선생님들이 하는 일반적인 수업으로 자신의 혈액형을 판정하는 실험을 하는 수업입니다. 소리 지르고, 분위기 잡지 마세요. 즐거운 상황에서 수업을 하세요. 사고는 조심해도 일어나는 겁니다.

3. 타인의 혈액형 검사 영상 만들기

이번 수업의 하이라이트라고 할 수 있습니다. 혈액형 판정 원리를 확실히 파악하기 위하여 혈액형 판정 수업을 하지 않은 선생님, 문과 학생 등을 한 명 선정하여 그 사람의 혈액형을 예측하고 직접 실험을 통해 확인하는 영상을 제작합니다. 실험 도구는 과학실에 배치하고 일주일간 점심시간에 개방합니다.

4. 혈액 관찰하기(선택)

혈액을 관찰합니다. 이는 선택적으로 해도 좋습니다.

학생들이 부담이 되지 않는 선에서 평가를 하십시오. 즐거운 혈액형 검사 실험이 될 것입니다.

수업 개요 -

학교급 고등학교   학년/학년군 2

교 과 통합과학, 생명과학Ⅰ   대단원   3. 항상성과 몸의 조절

성취 기준   생2111-2

세포소기관의 구조와 기능 및 유기적인 관계를 설명할 수 있다.

생2112-2

동물세포와 식물세포의 차이를 세포소기관의 구성을 중심으로 설명할 수 있다.

평가 유형   토의 토론, 실험 평가

핵심 역량   지식정보처리, 의사소통, 공동체

평가 내용   혈액형 판정 원리를 이용하여 자신의 혈액형 검사를 실시하고, 타인 검사 장면을 창의적으로 표현할 수 있다.

수업 및 평가 절차

학습 단계	교수 학습 활동	비고 (평가 계획 등)
1차시	항원-항체 반응 이론 수업	이론 수업
2차시	같은 혈액형끼리 모둠을 정하고 우리 모둠 혈액형의 오해와 진실이란 주제로 이미지와 그림으로 작품을 제작한다.	모둠 토의 실험
3차시	나의 혈액형 검사를 통해 판정한다.	개인 실험 평가
4차시	혈액형 검사에 참여하지 않은 선생님, 문과 학생 등 한 명을 선정하여 성격을 예측하고 혈액형 검사 영상을 촬영한다.	모둠 평가

생활기록부 교과세부능력특기사항에 기록

혈액형 수업의 모든 것

❶ 같은 혈액형을 가진 학생끼리 모둠을 정하고 우리 모둠의 혈액형에 대한 오해와 진실이란 주제로 토론하고 이미지와 글로 표현한다.

❷ 혈액형 검사 원리를 이용하여 자신의 혈액형 검사를 실시한다.

❸ 다른 학생의 혈액형 검사하는 장면을 창의적인 영상으로 표현한다.

❹ 완성된 작품을 발표한다.

가. 즐겁게 실험에 임하게 하자

혈액형은 적혈구 위에 있는 당의 종류에 따라 달라집니다. 그 혈액형 때문에 성격이 달라진다는 것은 비과학적이죠. 하지만 여기서는 학습 이외의 다른 것을 얻기 위함입니다. 같은 혈액형끼리 모둠을 정한다면 새로운 학생들과 모둠이 될 가능성이 높습니다.

새로 만들어진 학생들은 앞으로의 수업과 평가를 같이 하기 때문에 새로운 친구를 만들 기회가 되고, 혹시 서운했던 친구가 있다면 이번 기회에 다시 화해할지도 모르는 일입니다. 학교의 목적이 수업만 하는 것은 아니겠죠?

나. 창의력 평가

단순히 자신의 혈액형은 판정하는 실험도 의미가 있겠지만, 혈액형 판정 원리(항원-항체 반응)를 확실히 이해하는 것이 목표일 겁니다. 이번 평가에서는 같은 모둠 학생들이 선생님, 문과 친구들

등 혈액형 검사 수업에 참여하지 않은 한 사람을 정하고, 그 사람의 성격을 예측하고 직접 혈액형 검사를 함으로써 혈액형 판정원리를 확실하게 이해하는 것입니다. 여기서도 학생들의 다양한 능력을 볼 수 있었는데요. 모둠원 네 명이 각각 뉴스 앵커, 기자, 형사, 피해자로 배역을 정하고 혈액형 검사로 범인을 잡는다는 영상을 만들었습니다. 대단한 창의성입니다. 교사는 이를 생기부에 기록합니다.

　　좋은 수업으로 학생들에게 성취기준을 이루게 하는 것도 좋지만, 모든 학생들이 즐거워하는 수업을 만드는 것도 의미가 있지 않을까요? 공교육이 사교육에 뒤처진다는 말을 듣고, 이론만 가르쳐야 할까요? 공교육은 사교육에서 할 수 없는 인성과 성장을 위해 노력하면 좋을 것입니다.

학생 작품 예시

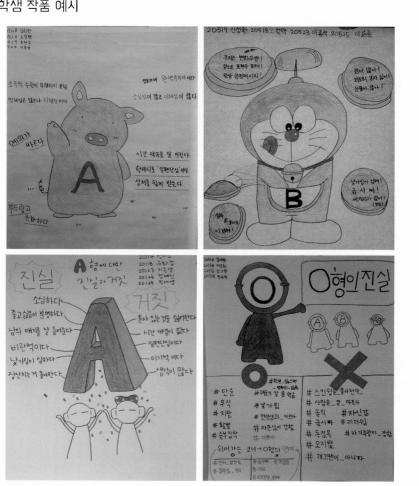

6 평가 계획 -

평가 계획은 다음과 같습니다. 얼핏 모든 학생이 만점을 맞을 것 같은데 걱정하지 마세요. 2015개정교육과정에서는 모든 학생이 성취기준에 도달하는 것이 목표니까요.

수행평가 세부 척도안		
항목	상세 채점 기준	점수
혈액형 판정 실험 (5점)	자신의 혈액형 판정을 하고 실험 정리가 완벽한 경우	5
	자신의 혈액형 판정을 하고 실험 정리가 다소 부족한 경우	4
	혈액 채취를 못하고 실험 정리가 불량한 경우	3
	미제출	2
모둠 영상 제작 (5점)	영상이 창의적이고 획기적으로 표현함	5
	둘 중 하나만 만족하게 표현함	4
	잘 표현하지 못함	3
	미제출	2
미제출		4

학교생활 기록부 기재 예시
친구들의 혈액형을 검사해 주는 평가에서 모둠원이 뉴스앵커, 기자, 형사, 피해자 역할을 하여 범인을 검거하는 과정의 영상을 제작함. 앵커는 사건을 보도하고, 기자는 피해자와 형사를 찾아감. 형사는 범인의 혈액형을 검사하여 한 편의 뉴스를 제작함. 매우 창의적으로 제작하였고, 친구들에게 인기가 많았음.

혈액형 검사

QR코드를 스캔하면 혈액형 분석하기 수업이 나옵니다.
하나하나 잘 읽어 보시고, 찬찬히 수업을 진행해 보세요.
아이들이 정말 적극적으로 참여하는 수업을 하실 수 있으실 겁니다.

1 혈액형 판정하기

즐거운 배움

단원명	3-3 면역반응	학번	
탐구주제	자신과 타인의 혈액형을 판정	이름	

1. 혈액형 판정

▶ 혈액의 응집 반응 결과를 그리고 자신의 혈액형을 판정해 보아라.

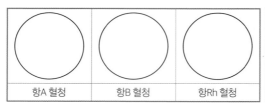

	항A 혈청	항B 혈청	항Rh 혈청

	자신의 혈액형
ABO식	
Rh식	

2. 우리 반의 혈액형

혈액형	A형	B형	AB형	O형
ABO식 혈액형				

혈액형	Rh+형	Rh-형
RH식 혈액형		

▶ 우리반 학생들 중 나에게 혈액을 수혈해 줄 수 있는 사람과 내가 수혈을 해 줄 수 있는 사람을 찾아 보자.

가. 나에게 수혈을 해줄 수 있는 사람 - (명)

나. 내가 수혈을 해줄 수 있는 사람 - (명)

3 우리 모둠의 과제

가. 2학년 이과생을 제외한 1명 선정(선생님, 문과, 1, 3학년 중)

나. 선정된 사람의 혈액형을 추리(추리 과정 영상으로 녹화)

다. 점심시간에 혈액형 판정 실험 실시(혈액형 판정과정 영상으로 녹화)

라. 두 영상을 편집해서 제출(97dud@hanmail.net 11월 25일 24시까지)

과학 수업을 특별하게 만들어 줄 앱(app) 소개

서 재 원 선생님 (인천만수고등학교)

활용하면 더 즐거운 수업

저는 수업에 시각적 콘텐츠를 많이 이용하는 편이라 꼭 인터넷이 연결된 기계를 사용하는데, 노트북 대신 아이패드 프로를 빔 프로젝터와 연결하여 아이폰과 같이 사용합니다. 이처럼 수업에 스마트폰과 태블릿을 사용하다 보니 자연스럽게 교육용 앱에도 관심을 가지게 되고, 활용하게 되었습니다.

사실 처음에는 앱을 사용하는 데 반신반의했었습니다. 몇 년 전까지만 하더라도 교육용 앱들은 유아나 초등학교 이전 아이들을 대상으로 하는 것들이 대부분이었기 때문이었습니다. 즉, 중고생들이 사용하기에는 수준이 너무 낮았죠. 그런데 기술이 발달하면서 VR과 AR을 스마트폰으로도 이용 가능하게 되었고 조금씩 중고생들에게도 적당한 교육용 앱이 나오기 시작했습니다.

처음엔 VR을 이용한 앱이 하나둘씩 나왔는데, HMD를 착용해야 했고 장시간 사용하기 불편할뿐더러 교육용의 저가 HMD(구글 카드보드 등)는 신기하긴 했지만 과학 수업에 적용하기엔 교육적인 효율성도 떨어졌습니다. 하지만 점차 AR이 발달하면서 제 생각보다 훨씬 퀄리티가 높은 과학 교육용 앱들이 나오기 시작했습니다. 물론 앱은 보조 도구이므로 앱으로 전체 수업을 진행하기는 어렵습니다. 저는 미니 탐구의 형식으로 앱을 사용하는 걸 추천합니다.

수업자의 생각

선생님들 중에는 PC나 스마트폰 등을 능숙하게 다루는 분이 있는 반면, 그렇지 않은 선생님들도 많다. 스마트폰은 사용하지만, 전화나 카톡, 카메라와 인터넷 외에는 거의 사용하지 않는 분들도 많이 있다. 노트북이나 태블릿을 이용한 수업보다는 판서가 더 편하신 분들도 당연히 많다.

이런 분들 중에 스마트폰이나 태블릿을 이용한 수업을 하고는 싶지만, 모르고 어려워서 못 하시던 분들께 이 앱들을 소개한다. 두려워하지 마시고 도전해 보자!

과학 저널(Science journal)

	앱 이름	App Store (iOS) : Google 과학 저널		
		Google Play (Android) : 과학 저널		
개발자		Google LLC	가격	무료
추천 과목		중학교 과학, 과학탐구실험, 통합과학, 물리학, 과제연구		

　　모든 과학 선생님들께 추천해 드리고 싶은 앱입니다. 스마트폰 내부의 센서를 이용하여 측정된 데이터를 실시간으로 자료 변환하여 보여 주고, 저장하여 저널처럼 이용할 수 있는 앱입니다. 그뿐만 아니라 블루투스를 이용하여 아두이노 센서와 연결해 사용할 수도 있어서 확장성도 좋습니다. 쉽게 말하면 스마트폰 하나로 간단한 MBL과 노트북의 기능을 수행할 수 있습니다. 물론 MBL과 노트북처럼 데이터를 자세하게 수집하고 분석하는 것은 불가능하지만, 고등학교 수준까지의 과학 수업에서는 충분할 정도입니다.

기본적으로 스마트폰 내부 센서를 이용하기 때문에 사용하는 스마트폰마다 차이가 있습니다만, 제가 사용하는 아이폰X을 기준으로 하면 가속도계 X, 가속도계 Y, 가속도계 Z, 기압계, 나침반, 밝기, 선형 가속도계, 소리 세기, 음높이, 자기계를 측정하여 저장 가능합니다.

 추천 미니탐구

힘과 가속도의 상관관계 실험하기

생활 속의 전자제품에서 나오는 전자파 세기 측정하기

스마트폰을 이용해 높이에 따른 기압의 변화 측정하기

내진 설계 실험 후 스마트폰을 간이 지진계로 사용해 내진 효과 측정하기

과학 저널 상세 기능 소개

과학 저널 첫 화면으로, 우측 하단의 +버튼을 누르면 새로운 실험을 추가할 수 있다.

좌측 상단의 세줄 모양은 메뉴로, '실험', '활동', '설정' 등이 있다. 여기서 '활동'은 과학 저널을 이용한 활동들을 구글에서 직접 소개하는 홈페이지로 연결된다. 물론 영어로 되어 있다.

새로운 실험을 추가하면 나오는 화면이다.

① 관찰 내용이나 특징을 텍스트로 기입할 수 있다.

② 센서를 이용해 측정되는 값을 실시간으로 보여
주고, 어떤 센서를 사용하여 관찰 대상을 기록하
고 측정할지 선택한다.

③ 카메라를 이용해 관찰 대상을 촬영한다.

④ 스마트폰의 카메라 앨범에서 사진을 불러온다.

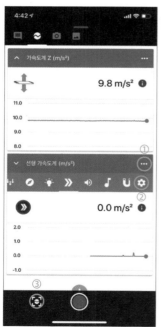

가속도계 Z와 선형 가속도계를 동시에 사용하는
모습이다. 화면 하단에 있는 +버튼을 누르면 센서
를 추가하여 동시에 측정할 수 있다. 바닥에 가만
히 스마트폰을 놓았을 때 가속도계 Z는 중력가속
도를 나타내고 있다. 하단의 빨간색 버튼이 기록
(녹화) 버튼이다.

① 오디오 설정과 트리거 설정을 할 수 있다. 즉 소
리로 측정값을 표현할 수도 있다.

② 센서의 설정을 변경하는 곳으로, 블루투스를 이
용하여 아두이노 센서와 연결할 수 있다.

③ 순간 측정값을 사진으로 찍는 기능이다.

트리거 설정 창이다. 트리거를 이용하면 센서를 사용할 때 내가 설정한 값이나 그 근처 또는 그 이상이나 이하의 측정값이 되면 소리나 진동, 또는 화면을 통해 알려 줘서 실험에 대단히 유용하게 사용할 수 있다. 특히 동시에 여러 가지 실험을 진행하고 있을 때나, 실험의 어느 시점을 정확히 알아야 할 때 사용할 수 있다.

Chemist

	앱 이름	App Store (iOS) : CHEMIST by THIX		
		Google Play (Android) : Chemist		
개발자		THIX	가격	11,000원
추천 과목		중학교 과학, 과학탐구실험, 통합과학, 화학		

스마트폰 안의 작은 화학 실험실입니다. 하지만 작은 실험실이라고 무시하면 안 됩니다. 고등학교 수준 화학 실험실의 기본적인 도구와 화학 약품, 물질들을

가지고 있고, 언제든지 빠르게 가상의 실험을 진행할 수 있기 때문입니다. 그뿐만 아니라 실험실의 조건(온도, 공기, 시간의 속도)도 설정할 수 있고, 실험을 끝마치면 실험 보고서가 자동으로 기록되어 어떻게 했는지 확인도 가능합니다.

특히 학생들이 다루기에 위험한 물질을 이용한 실험 같은 경우, 교사의 시범 실험으로 대체하는 것도 좋지만 이 앱을 이용해 학생들이 직접 가상의 실험을 수행해 보는 것도 좋습니다. 그렇다고 모든 화학 실험을 할 수 있는 것은 아닙니다. 단점도 분명히 있습니다. 사용해 본 결과, 고체 물질의 경우 가루로만 사용할 수 있어서 구리선이나 마그네슘선과 같이 금속을 통째로 이용하는 실험은 불가합니다. 또한 설명이 없어서 실험 지식이 없는 학생들은 사용하기 힘듭니다.

유료이고, 이러한 단점이 있지만 값어치는 충분히 있는 앱입니다. 유료가 너무 부담스럽거나, 학생들에게 추천하고 싶다면 같은 개발사의 'BEAKER'라는 무료 앱을 추천 드립니다. 말 그대로 스마트폰을 하나의 비커처럼 사용하여 가상의 화학 반응을 일으켜 볼 수 있는 앱입니다.

 추천 미니탐구

알칼리 금속과 물의 폭발적인 반응

중화 반응에서 반응물 부피에 따른 온도와 pH 변화 측정

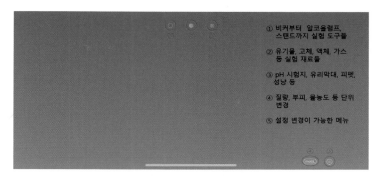

① 비커부터 알코올램프,
　 스탠드까지 실험 도구들

② 유기물, 고체, 액체, 가스
　 등 실험 재료들

③ pH 시험지, 유리막대, 피펫,
　 성냥 등

④ 질량, 부피, 몰농도 등 단위
　 변경

⑤ 설정 변경이 가능한 메뉴

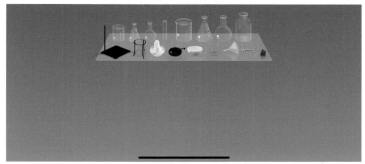

실험도구들. 손가락으로 끌어서 빈 공간에 놓으면 된다.

반응물로 쓰일 물질들. 손가락으로 탭하면 물리적 특성을 보여 준다.
손으로 끌어서 비커 등에 넣을 수 있다. 물론 넣는 부피도 조절 가능하다.

실험 조건 등 설정 변경이 가능한 메뉴

메뉴의 실험 보고서. 시간 순서대로 자동으로 기록된다.
우상단의 보내기 기능을 통해 앨범에 저장하거나 이메일로 보낼 수도 있다.

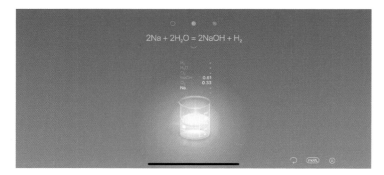

반응식은 물론, 반응 후 시간이 지날수록 물질의 양 변화도 볼 수 있다.

Brainapse

	앱 이름	App Store (iOS) : Brainapse		
		Google Play (Android) : 없음		
	개발자	Designmate (I) Pvt. Ltd.	가격	2,500원
	추천 과목	통합과학, 생명과학 I		

AR을 이용해 뇌의 해부 구조를 자세히 관찰할 수 있는 앱입니다. 물론 단순히 뇌 관찰만 가능한 것이 아니라, 뇌의 각 부분과 그 안의 세포들, 세포들 안의 소기관들까지 AR로 관찰이 가능하고, 기능을 알 수 있습니다. 또한 인류의 두개골과 뇌의 구조를 인류의 진화와 연관 지어 어떤 식으로 변해 왔는지 알 수 있으며, 뇌 내의 뉴런들 사이 시냅스에서 흥분의 전달 과정 또한 세세하게 AR과 글로 확인 가능합니다. 메뉴는 아래와 같습니다.

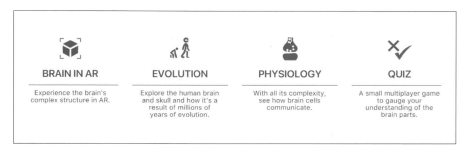

특히 시냅스에서의 흥분의 전달 과정은 문장으로 풀어 설명하거나 그림을 그려 설명해도 학생들이 어려워하는 부분인데, 모든 과정을 시각적으로 반복하여 볼 수 있기 때문에 학생들의 배움에 큰 도움이 됩니다. 또한 뇌 내의 신경교세포까지 설명되어 있기 때문에 대학생이 보기에도 손색이 없습니다.

학생들 개개인이 태블릿이나 스마트폰을 가지고 보지 않고, 교사가 시범으로 보여 줘도 됩니다.

추천 미니탐구

인류의 진화에서 각 종의 신체 특징 변화 조사하기

AR을 이용해 흥분의 전달 과정 탐색하기

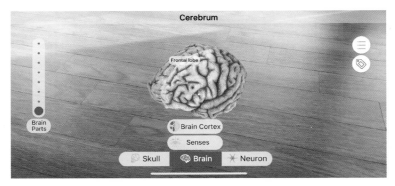

AR을 이용한 뇌 구조 관찰. 왼쪽 바에서 뇌 종류를 선택할 수 있다.
중앙에 포인터를 각 부분에 위치시키면 이름과 설명이 뜬다.

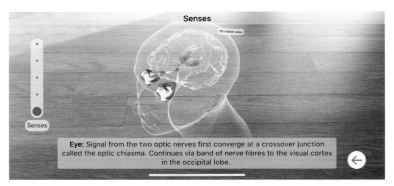

각 감각기관에서 들어오는 신호가 뇌의 어느 부위를 거쳐 처리되는지 보여 준다.

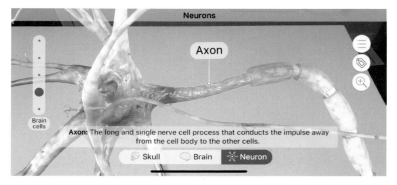

뉴런의 각 부분을 관찰할 수 있다. 하단 박스에 그 부분에 대한 설명이 제시된다.

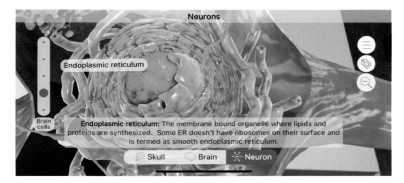

뉴런 및 신경교세포들의 내부까지 관찰이 가능하다.

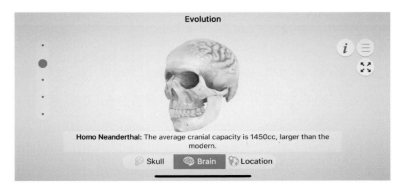

여러 인류종의 진화를 두개골, 뇌, 출현지역의 관점에서 확인할 수 있다.

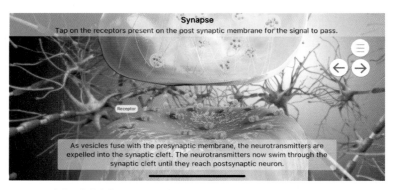

시냅스에서의 흥분 전도 및 전달 과정을 애니메이션으로 관찰할 수 있다.

Froggipedia

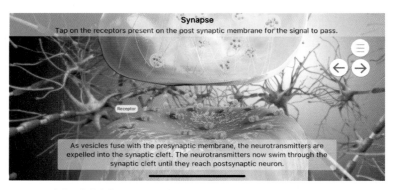	**앱 이름**	App Store (iOS) : Froggipedia		
		Google Play (Android) : 없음		
개발자		Designmate (I) Pvt. Ltd.	**가격**	4,900원
추천 과목		중학교 과학, 생명과학 I		

앞의 Brainapse와 같은 회사의 앱입니다. AR을 이용해 개구리에 대해 배울 수 있는 앱으로, 애플 앱스토어에서 2018년 올해의 iPad 앱에 선정된 우수한 앱입니다.

기능은 크게 세 가지입니다. 수정란에서 성체까지 개구리의 한살이를 3D로 관찰하는 것과, AR을 이용해 개구리의 기관계들을 자세히 관찰할 수 있는 것, 그리고 직접 해부해 보는 것이 있습니다.

'개구리 해부 정도야' 하고 우습게 보면 안 됩니다. 마치 진짜 개구리를 보는 것처럼 생생한 3D 이미지와, 동맥부터 아주 작은 뼈까지 기관계의 주요 기관 및 조직을 AR로 보여 주는 기능은 전공자인 제가 공부해도 좋을 정도로 자세합니다. 그리고 개구리를 죽이지 않고 해부에 대해 자세하게 배울 수 있다는 점이 가장 훌륭합니다. 생명 존중 사상은 생명과학의 기본이기 때문입니다.

생명과학은 매우 복잡한 생명체의 구조와 그 기능을 다루기 때문에 특히 이미지가 많습니다. 그래서인지 현재 앱 스토어의 많은 AR 앱들이 생체(그중에서도 의학에 관련된) 구조에 관한 것인데, 이를 잘만 활용한다면 추상적일 수 있는 생명과학 지식을 시각적으로도 표현해 줄 수 있어 훨씬 도움이 됩니다. 또한 앞으로 현재의 AR을 넘어 VR과 AR이 합쳐진 MR 분야의 발전이 빠르게 이뤄질 것으로 예상되어, 생명과학 교수법에도 많은 변화가 올 것으로 예상됩니다. 물론, 우리 교사들도 뒤처질 순 없습니다.

 추천 미니탐구

개구리 해부 실험(또는 실험 전 연습이나 실험 후 복습용)

양서류의 한살이 관찰

사람과 개구리의 소화·순환·호흡·배설계 비교

사람과 개구리의 신경계 비교

고막
고실막 이라고도 하는 고막은 음파를받아들이는기관입니다.

순환계
순환계는 3개의 챔버로 나뉜 심장과, 동맥과 정맥으로 구성된 혈관으로구성됩니다. 이 시스템은 다양한 기관에 산소와 영양소를 운반하고 이산화탄소와 폐기물을 배출합니다.

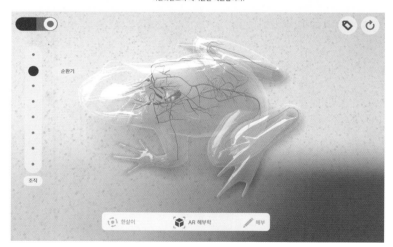

▲ 왼쪽의 바에서 관찰하고 싶은 조직이나 기관계를 선택할 수 있다.

▲ 위에서 시키는 대로 따라 하면 개구리를 해부할 수 있다.

▲ 왼쪽 바에서 장기를 선택할 수 있고 탭하면 꺼내어 관찰할 수도 있다.

과학 수업을 특별하게 만들어 줄 앱(app) 소개